网页设计与制作教程
（第 2 版）

主　编　曾　娜

副主编　余家庆　陆珂琳

参　编　袁艳琴

主　审　陈积常

北京理工大学出版社

BEIJING INSTITUTE OF TECHNOLOGY PRESS

内 容 简 介

本书采用项目教学方式，通过大量案例对网页的HTML结构和CSS层叠样式表进行了深入解析，使用HTML5新的布局方式，让读者可以轻松设计出符合Web标准的网页。

本书根据网页制作典型职业活动分析，以工作任务为载体，确定了12个项目，内容涵盖HTML5的基本结构、CSS3样式基础、使用CSS3选择器、使用CSS美化网页字体、使用CSS美化网页段落、使用CSS美化图片、使用CSS制作实用菜单、使用CSS美化表格、使用CSS美化表单、使用CSS3动画、HTML5+CSS3网页排版——企业网站的制作、使用CSS3的弹性布局制作响应式页面。每个项目均由项目目标、项目描述、项目分析、知识引入、项目实施、项目总结、项目拓展7个环节组成，每个环节环环相扣。项目编排的原则是由易到难、循序渐进，遵循学生的认知规律，让学生轻松获取知识及技能，便于教学的实施。本书的最后两个综合实例，帮助读者总结前面所学的知识，综合应用HTML和CSS各类技术制作出符合实际应用需要的网页。

图书在版编目（CIP）数据

网页设计与制作教程/曾娜主编. —2版. —北京：
北京理工大学出版社，2021.9
ISBN 978-7-5763-0464-0

Ⅰ.①网… Ⅱ.①曾… Ⅲ.①网页制作工具－教材
Ⅳ.①TP393.092.2

中国版本图书馆CIP数据核字（2021）第202034号

出版发行 / 北京理工大学出版社有限责任公司		
社　　址 / 北京市海淀区中关村南大街5号		
邮　　编 / 100081		
电　　话 / （010）68914775（总编室）		
（010）82562903（教材售后服务热线）		
（010）68944723（其他图书服务热线）		
网　　址 / http://www.bitpress.com.cn		
经　　销 / 全国各地新华书店		
印　　刷 / 定州市新华印刷有限公司		
开　　本 / 787毫米×1092毫米　1/16		
印　　张 / 16		责任编辑 / 张荣君
字　　数 / 366千字		文案编辑 / 张荣君
版　　次 / 2021年9月第2版　2021年9月第1次印刷		责任校对 / 周瑞红
定　　价 / 45.00元		责任印制 / 边心超

前言 Preface

随着我国职业教育的发展，在"校企业合作、工学结合"理念的指导下，经过近两年理性探索与尝试，编写了这本项目教学的教材，其主要特点如下。

（一）理念

1. 政治方向与价值导向

本书全面加强党的领导，落实国家事权，以马克思列宁主义、毛泽东思想、邓小平理论、"三个代表"重要思想、科学发展观、习近平新时代中国特色社会主义思想为指导，有机融入中华优秀传统文化，引导学生树立正确的世界观、人生观和价值观，努力成为德智体美劳全面发展的社会主义建设者和接班人。

2. 教育理念

本书全面贯彻党的教育方针，落实立德树人根本任务，扎根中国大地，站稳中国立场，充分体现社会主义核心价值观，加强爱国主义、集体主义、社会主义教育，引导学生坚定道路自信、理论自信、制度自信、文化自信，成为担当中华民族复兴大任的时代新人。

着眼于学生全面发展，围绕核心素养，符合技术技能人才成长规律和职业院校学生认知特点，对接国际先进职业教育理念，适应人才培养模式创新和优化课程体系的需要，专业课程教材突出理论和实践相统一，强调实践性。适应项目学习、案例学习、模块化学习等不同学习方式要求，注重以真实生产项目、典型工作任务、案例等为载体组织教学单元。紧密联系学生思想、学习、生活实际，将知识、能力、情感、价值观的培养有机结合，充分体现教育教学改革的先进理念。

（二）结构

1. 合理性

本书坚持以工作过程为导向，以能力为目标，以学生为主体，以实际工作岗位的项目为载体。全书分为 12 个项目，内容包括 HTML5 的基本结构、CSS3 样式基础、使用 CSS3 选择器、使用 CSS 美化网页字体、使用 CSS 美化网页段落、使用 CSS 美化图片、使用 CSS 制作实用菜单、使用 CSS 美化表格、使用 CSS 美化表单、使用 CSS3 动画、HTML5+CSS3 网页排版——企业网站的制作、使用 CSS3 的弹性布局制作响应式页面。每个项目均由项目目标、项目描述、项目分析、知识引入、项目实施、项目总结、项目拓展 7 个环节组成。

2. 灵活性

本书每个项目的知识点由多个子任务组成，教师可以根据实际课时数讲解子任务，每个项目及大部分子任务都配有二维码，师生通过手机扫描即可观看相关视频，学生可以自主完成课前、课后的学习。

（三）内容

1. 科学性

本书打破传统的以知识为结构的课程体系，力求建立基于真实工作过程的全新教学理念。体现"做中学，学中做"的理念，基于行动导向的教学观，以项目为引领、以任务为驱动的教学方式，让学生在任务中掌握知识和技能，本书由广西工业技术学院计算机网络技术专业课改小组，通过深入企业进行调研，由行业的典型工作任务转化成书中的任务，更加贴近社会的需求。

2. 针对性

本书的编者曾在北京艾迪凯教育科技有限公司（南宁分公司）、南京欣网视通科技有限公司、广州多迪网络科技有限公司（南宁分公司）学习网站前端技术，主编曾担任第 45 届世界技能大赛全国选拔赛网站设计与开发项目裁判员。书中的一些任务来源于企业、竞赛的真实任务，操作性和实践性强。

3. 先进性

教材使用的开发平台是 Visual Studio Code 编辑器。Visual Studio Code（简称 VS Code/VSC）是一款免费开源的现代化轻量级代码编辑器，支持几乎所有主流的开发语言。

在传统的 CSS+DIV 网页布局基础上，添加 HTML5 的页眉、页脚、导航、文章内容等与结构相关的结构元素标签。

增加了响应式页面的制作的内容，响应式布局可以为不同终端的用户提供更加舒适的界面和更好的用户体验，而且随着目前大屏幕移动设备的普及，用"大势所趋"来形容也不为过。目前世界技能大赛网站设计与开发项目对响应式页面作为一项重要考核内容。

4. 适用性 / 系统性

本书根据教育部最新颁布的《中等职业学校专业教学标准（试行）》和本课程的教学大纲编写而成。内容由浅入深，通过大量的案例对 HTML 结构和 CSS 层叠样式表进行了解析，遵循学生的认知规律，让学生轻松获取知识技能。

本书可作为中、高等职业技术院校，以及各类计算机教育培训机构的网页设计与制作教材，也可供广大网页设计制作爱好者使用。

本书是 2019 年度广西职业教育教学改革研究项目《对接世赛标准提升信息技术类专业学生技能水平的研究与实践——以"网站设计与开发"项目为例》（GXZZJG2019A009）物化成果之一，在调研、编写和试点班教学过程中得到课题研究小组成员和其他教师及班主任的大力扶持，在此深表感谢！

由于信息与互联网技术发展迅速，加之编者水平有限，不足之处在所难免，请读者不吝指正。

编　者

目录 Contents

项目 1 HTML5 的基本结构

 项目目标

知识目标

1．掌握 Visual Studio Code 编辑器的安装方法。

2．掌握 HTML5 的基本结构。

3．了解头部标签的作用。

4．掌握网页标题的用法。

5．掌握标题标签、水平线标签、段落标签、换行标签的写法。

技能目标

1．使用 Visual Studio Code 编辑器制作简单网页。

2．能熟练使用标题标签、水平线标签、段落标签、换行标签。

项目描述

HTML 是 Hyper Text Markup Language 的缩写，中文翻译为超文本标记语言。使用 HTML 编写的文档称为网页，目前最新版本是 HTML5，HTML 是网页设计的基础语言。本项目将通过使用 HTML5 的基本结构及其常用的标签，完成一张简单网页的制作，为后面各项目的学习打下基础。

项目分析

1．制作网页需要用到 Visual Studio Code 编辑器，掌握该编辑器的使用方法。

2．在 HTML5 文件相应的标签位置编写网页的内容。

3．使用 <h1> ～ <h6> 标签显示标题、使用 <hr> 标签显示水平线、使用 <p> 标签显示段落文字的效果。

项目完成的效果如图 1-1 所示。

HTML5 开发语言有哪些特点？
1. HTML5语法较弱
在w3c制定的HTML5规范中，对于HTML5在语法结构上的规格限制是较松散的，如、或在浏览器中具有同样的功能，是不区分大小写的。另外，也没有严格要求每个控制标记都要有相对应的结束控制标记。
2. HTML5编写简单
即使用户没有任何编程经验，也可以轻易使用HTML来设计网页，HTML5的使用只需将文本加上一些标记(Tags)即可。

图 1-1 简单的 HTML 页面效果

■ 知识引入

子任务 1 认识网页与网站

1．网页与网站

在浏览器中看到的一个个页面就是网页，而多个相关的网页的集合就构成了一个网站。网页是网站中的任何一个页面，通常是 HTML（标准通用标记语言下的一个应用）格式（文件扩展名为 html、htm、asp、aspx、php 或 jsp 等）。

网址用于定位某个网站某个页面的一串字符，如 http://sports.sohu.com/nba.shtml。

主页：在访问网站时，默认打开的第一个页面，也称为首页，如 www.sohu.com（搜狐网）、www.baidu.com（百度网）、www.youku.com（优酷网）等。

2．浏览网页的工具——浏览器

浏览器：用于打开显示网页的软件。最常见的是 Windows 系统自带的 IE 浏览器，还有火狐（Firefox）浏览器、谷歌浏览器、360 安全浏览器、傲游浏览器、腾讯 TT 浏览器等。

3．网页的基本元素

网页的基本元素大体是相同的，一般由网页标题、导航栏、LOGO、文本、图片、超级链接、表单、音频和视频等内容组成。网页的组成元素如图 1-2 所示。

图 1-2 网页的组成元素

子任务 2　了解 HTML5 的基本结构

HTML5 的基本结构如下。

```
<!DOCTYPE html>
<html lang="en">
<head>
    <meta charset="UTF-8">
    <meta name="viewport" content="width=device-width, initial-scale=1. 0">
    <meta http-equiv="X-UA-Compatible" content="ie=edge">
    <title> 网页标题 </title>
</head>
<body>
    网页内容
</body>
```

从以上代码可以看出，<html> 标签总是成对出现的，每对标签一般都有一个开始的标记（如 <body>），也有一个结束的标记（如 </body>），标签的标记要用一对尖括号括起来，并且结束的标记总是在标记前加一个斜杠。

HTML 的基本构造如图 1-3 所示。

（1）内容类型。HTML5 的文件扩展名为 ".html" 或 ".htm"，内容类型（Content-Type）仍然为 "text/html"。

```
                                    <html>
                                    <head>
        <head>标签内只可以
        使用6个标签，用来
        描述页面标题、定义
        页面的层和描述CSS
        样式表等这些规则。

                                    </head>
                                    <body>
        <body>标签内放入页
        面的主体内容，使用
        不同的标签和引用定
        义好的规则来编辑页
        面主题内容

                                    </body>
                                    </html>
```

图 1-3　HTML 的基本结构

（2）<!DOCTYPE html> 文档的声明。该声明必须位于 HTML5 文档中的第一行，也就是位于 <html> 标签之前。

在 HTML5 中，文档的类型声明方法如下。

```
<!DOCTYPE html>
```

（3）<html> 标签出现在文档的开始，每个 html 文档都是从 <html> 开始的，结束于 </html>。

（4）<head> 标签出现在文档的开头部分。<head> 与 </head> 之间的内容不会在浏览器的文档窗口显示，但是其间的元素有特殊、重要的意义。

（5）<meta> 标签。<meta> 标签元素定义文档的字符编码，其写法如下。

```
<meta charset="UTF-8">
```

<meta> 标签中 name 属性的语法格式为：

```
<meta name=" 参数 " content=" 具体的描述 ">
```

其中 name 属性共有以下几种参数（①～③为常用属性）。

① keywords（关键字）。

说明：用于告诉搜索引擎，用户网页的关键字。举例：

```
<meta name="keywords" content="PHP 中文网 ">
```

② description（网站内容的描述）。

说明：用于告诉搜索引擎，用户网站的主要内容。举例：

```
<meta name="description" content="php 中文网提供大量免费、原创、高清的 php 视频教程 ">
```

③ viewport（移动端的窗口）。

说明：这个属性常用于设计移动端网页。在用 bootstrap、AmazeUI 等框架时都用 viewport。举例：

```
<meta name="viewport" content="width=device-width, initial-scale=1">
```

说明：width=device-width 表示设备屏幕的宽度；initial-scale=1 表示初始的缩放比例。

④ http-equiv 属性。顾名思义，相当于 HTTP 的作用。

<meta> 标签中 http-equiv 属性的语法格式为：

```
<meta http-equiv=" 参数 "content=" 具体的描述 ">
```

常用的结构为：

```
<meta http-equiv="X-UA-Compatible" content="IE=edge, chrome=1"/>
```

说明：X-UA-Compatible 用于告知浏览器以何种版本来渲染页面（一般都设置为最新模式，在各大框架中这个设置也很常见）；content="IE=edge, chrome=1" 指定 IE 和 Chrome 使用最新版本渲染当前页面。

（6）<title> 标签定义 HTML 文档的标题。<title> 与 </title> 之间的内容将显示在浏览器窗口的标题栏。

（7）<body> 标签表明是 HTML 文档的主体部分。在 <body> 与 </body> 之间通常都会有很多其他元素，如在页面中的文字、图像、动画、超级链接，这些元素和元素属性构成 HTML 文档的主体部分。

（8）注释的作用是便于开发人员理解代码的作用，在文档中完全看不见，只有通过查看源文件才能看见，故注释不会影响页面效果。

基本格式：HTML 中的格式为 "<!– 注释语句 –>"；CSS 中的格式为 "/* 注释语句 */"。

子任务 3　安装 Visual Studio Code 编辑器

Visual Studio Code 是一个轻量但功能强大的源代码编辑器，可在桌面上运行，适用于 Windows、macOS 和 Linux，它内置了对 JavaScript、TypeScript 和 Node.js 的支持，并具有丰富的其他语言（如 C++、C＃、Java、Python、PHP、Go）和运行时（如 .NET 和 Unity）的扩展生态系统。

Visual Studio Code 官方页面如图 1-4 所示。

这里可直接单击 " Download for Windows" 下载。

下载完成后的文件是一个 exe 文件，下面以 VSCodeUserSetup-x64-1.39.2 为例简单介

微课

绍安装过程。

图 1-4 Visual Studio Code 官方页面

步骤 1：双击安装包，选中"我接受协议"单选按钮，单击"下一步"按钮，如图 1-5 所示。

步骤 2：建议在安装的时候把 Visual Studio Code 安装到环境变量中，即选中"添加到 PATH"复选框，这样就不用再去手动配置环境变量，然后单击"下一步"按钮，如图 1-6 所示。

图 1-5 安装 Visual Studio Code 编辑器（1）

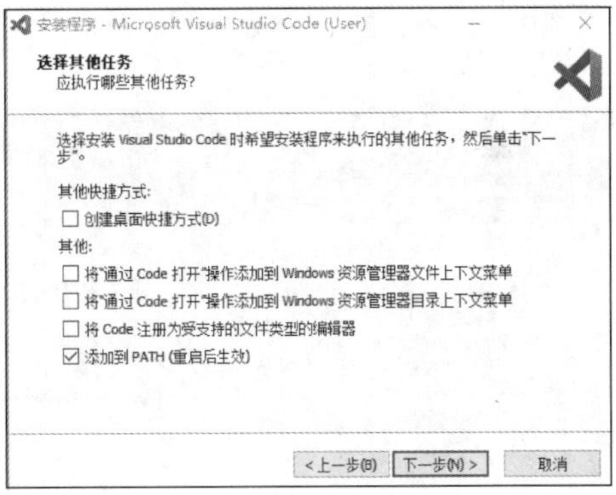

图 1-6 安装 Visual Studio Code 编辑器（2）

步骤 3：单击"安装"→"完成"按钮，即可完成 Visual Studio Code 编辑器的安装，如图 1-7 所示。

步骤 4：安装完成之后程序会自动运行，如图 1-8 所示。

图 1-7 安装完成

图 1-8 程序运行主界面

步骤 5：按 Ctrl+Shift+P 组合键，出现命令框，如图 1-9 所示。

步骤 6：在命令框中输入"Select Display language"，出现下拉列表，选择"Install additional languages"选项，如图 1-10 所示。

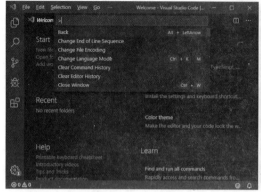 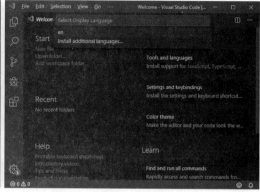

图 1-9　命令框　　　　　　　　图 1-10　选择"Install additional languages"选项

步骤 7：在新打开的语言安装列表中选择"中文（简体）"选项进行安装，如图 1-11 所示。

步骤 8：单击"Restart"按钮，最后主界面就变成中文版了，如图 1-12 所示。

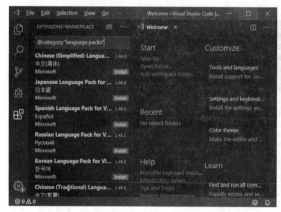 

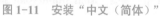

图 1-11　安装"中文（简体）"　　　　　图 1-12　中文版界面

子任务 4　使用 Visual Studio Code 编辑器

微课

Visual Studio Code 内置 HTML 开发"神器"Emmet，Emmet 是前端开发快速输入代码的一种方式，作为文本编辑器的插件存在，可以帮助用户快速编写 HTML 和 CSS 代码，加快 Web 前端开发的速度。

【例 1-1】启动 Visual Studio Code 编辑器，使用技巧输入代码，文件名为保存为 1-1.html。

步骤 1：输入"！"或"html：5"，然后按 Tab 键或 Ctrl+E 组合键，即可出现如下所示的代码。

```
<!DOCTYPE html>
<html lang="en">
```

```
<head>
    <meta charset="UTF-8">
     <meta name="viewport" content="width=device-width, initial-
scale=1. 0">
    <title>Document</title>
</head>
<body>
</body>
</html>
```

步骤 2: 添加 ID。在元素名称和 ID 之间输入 "#"，编辑器会自动补全代码，如输入 "p#ok" 后按 Tab 键，结果如下所示。

```
<!DOCTYPE html>
<html lang="en">
<head>
    <meta charset="UTF-8">
     <meta name="viewport" content="width=device-width, initial-
scale=1. 0">
    <title>Document</title>
</head>
<body>
    <p id="ok"></p>
</body>
</html>
```

步骤 3: 添加类。在输入类名称之前加 "."，编辑器会自动补全代码，如输入 "p.text#ok" 后按 Tab 键，结果如下代码所示。

```
<!DOCTYPE html>
<html lang="en">
<head>
    <meta charset="UTF-8">
     <meta name="viewport" content="width=device-width, initial-
scale=1. 0">
    <title>Document</title>
</head>
<body>
    <p id="ok"></p>
    <p class="text" id="ok"></p>
</body>
</html>
```

步骤 4: 添加文本和属性。在输入 HTML 元素的内容时，将内容用 "{}" 括起来，如输入 "h1{ 响应式页面的制作 }" 后按 Tab 键，结果如下所示。

```
<!DOCTYPE html>
<html lang="en">
<head>
    <meta charset="UTF-8">
     <meta name="viewport" content="width=device-width, initial-
scale=1. 0">
    <title>Document</title>
</head>
<body>
    <p id="ok"></p>
    <p class="text" id="ok"></p>
    <h1>响应式页面的制作 </h1>
</body>
</html>
```

步骤 5：HTML 元素的属性用 "[ ]" 括起来，如输入 "a[href=#]" 后按 Tab 键，结果如下所示。

```
<!DOCTYPE html>
<html lang="en">
<head>
    <meta charset="UTF-8">
     <meta name="viewport" content="width=device-width, initial-
scale=1. 0">
    <title>Document</title>
</head>
<body>
    <p id="ok"></p>
    <p class="text" id="ok"></p>
    <h1>响应式页面的制作 </h1>
    <a href="#"></a>
</body>
</html>
```

步骤 6："+" 为同级标签的符号，如输入 "h1+h2" 后按 Tab 键，结果如下所示。

```
<!DOCTYPE html>
<html lang="en">
<head>
    <meta charset="UTF-8">
     <meta name="viewport" content="width=device-width, initial-
scale=1. 0">
    <title>Document</title>
</head>
```

```
<body>
    <p id="ok"></p>
    <p class="text" id="ok"></p>
    <h1> 响应式页面的制作 </h1>
    <a href="#"></a>
    <h1></h1>
    <h2></h2>
</body>
</html>
```

步骤 7："＞"为子元素的符号，表示嵌套的元素，如输入"p>span"后按 Tab 键，结果如下所示。

```
<!DOCTYPE html>
<html lang="en">
<head>
    <meta charset="UTF-8">
    <meta name="viewport" content="width=device-width, initial-scale=1. 0">
    <title>Document</title>
</head>
<body>
    <p id="ok"></p>
    <p class="text" id="ok"></p>
    <h1> 响应式页面的制作 </h1>
    <a href="#"></a>
    <h1></h1>
    <h2></h2>
    <p><span></span></p>
</body>
</html>
```

步骤 8："＾"可以使该符号前的标签提升一行，如输入"p>span^p"后按 Tab 键，结果如下所示。

```
<!DOCTYPE html>
<html lang="en">
<head>
    <meta charset="UTF-8">
    <meta name="viewport" content="width=device-width, initial-scale=1. 0">
    <title>Document</title>
</head>
<body>
```

```html
    <p id="ok"></p>
    <p class="text" id="ok"></p>
    <h1>响应式页面的制作</h1>
    <a href="#"></a>
    <h1></h1>
    <h2></h2>
    <p><span></span></p>
    <p><span></span></p>
    <p></p>
</body>
</html>
```

步骤9：代码组合。在编辑器中使用标签的嵌套和括号可以快速生成代码组合，如输入"（.text>h1）+（.map*h2）"后按 Tab 键，结果如下所示。

```html
<!DOCTYPE html>
<html lang="en">
<head>
    <meta charset="UTF-8">
    <meta name="viewport" content="width=device-width, initial-scale=1. 0">
    <title>Document</title>
</head>
<body>
    <p id="ok"></p>
    <p class="text" id="ok"></p>
    <h1>响应式页面的制作</h1>
    <a href="#"></a>
    <h1></h1>
    <h2></h2>
    <p><span></span></p>
    <p><span></span></p>
    <p></p>
    <div class="text">
        <h1></h1>
    </div>
    <div class="map">
        <h2></h2>
    </div>
</body>
</html>
```

步骤10：定义多个元素。在编辑器中可以使用"*"来定义多个元素，如输入"ul>li*3"

后按 Tab 键，结果如下所示。

```html
<!DOCTYPE html>
<html lang="en">
<head>
    <meta charset="UTF-8">
     <meta name="viewport" content="width=device-width,  initial-scale=1. 0">
    <title>Document</title>
</head>
<body>
    <p id="ok"></p>
    <p class="text" id="ok"></p>
    <h1> 响应式页面的制作 </h1>
    <a href="#"></a>
    <h1></h1>
    <h2></h2>
    <p><span></span></p>
    <p><span></span></p>
    <p></p>
    <div class="text">
        <h1></h1>
    </div>
    <div class="map">
        <h2></h2>
    </div>
    <ul>
        <li></li>
        <li></li>
        <li></li>
    </ul>
</body>
</html>
```

步骤 11：定义多个带属性的元素。在编辑器中使用 "$" 来指定编号，如输入 "ul>li. text$*3" 后按 Tab 键，结果如下所示。

```html
<!DOCTYPE html>
<html lang="en">
<head>
    <meta charset="UTF-8">
     <meta name="viewport" content="width=device-width,  initial-
```

```
scale=1. 0">
    <title>Document</title>
</head>
<body>
    <p id="ok"></p>
    <p class="text" id="ok"></p>
    <h1> 响应式页面的制作 </h1>
    <a href="#"></a>
    <h1></h1>
    <h2></h2>
    <p><span></span></p>
    <p><span></span></p>
    <p></p>
    <div class="text">
        <h1></h1>
    </div>
    <div class="map">
        <h2></h2>
    </div>
    <ul>
        <li></li>
        <li></li>
        <li></li>
    </ul>
    <ul>
<li class="text1"></li>
<li class="text2"></li>
<li class="text3"></li>
</ul>
    </body>
    </html>
```

子任务 5 制作简单的 HTML5 网页

【例 1-2】启动 Visual Studio Code 编辑器，将头部的标签作简单的说明，并输入一段文字，将文件保存为 1-2.html。

步骤 1：选择"开始"→"程序"→"Visual Studio Code"选项启动编辑器，如图 1-13 所示。

步骤 2：选择"文件"菜单中的"新建文件"选项，如图 1-14 所示。

微课

图 1-13 启动编辑器

图 1-14 新建文件

步骤 3：单击状态栏中的"纯文本"，在"选择语言模式"下拉列表框中选择"HTML（html）"选项，如图 1-15 所示。

步骤 4：在英文状态下输入"！"或"html:5"，然后按 Tab 键或 Ctrl+E 组合键，即可出现如下代码。

```html
<!DOCTYPE html>
<html lang="en">
<head>
    <meta charset="UTF-8">
    <meta name="viewport" content="width=device-width, initial-scale=1. 0">
    <title>Document</title>
</head>
<body>

</body>
</html>
```

图 1-15 选择 HTML（html）

步骤 5：修改 <title> 网页标题、<meta> 元信息和注释内容，并在网页的主体中添加内容，代码如下。

```html
<!DOCTYPE html>
<html lang="en">
<head>
    <meta charset="UTF-8">
    <!-- 设置浏览器的阅读编码 -->
    <meta name="viewport" content="width=device-width, initial-scale=1. 0">
```

```
    <!-- 设计移动端网页, width=device-width ：表示宽度是设备屏幕的宽
度 initial-scale=1. 0：表示初始的缩放比例 -->
    <meta http-equiv="X-UA-Compatible" content="ie=edge">
  <!-- 指定 IE 使用最新版本渲染当前页面 -->
  <title>Web 前端设计 </title>
    <!-- 设置网站首页的标题 -->
</head>
<body>
    在当下移动 Web 的 UI 设计中，使用 HTML5+CSS3+jQuery, 3 种技术成为主流,
3 种技术相互独立，各司其职。
</body>
</html>
```

步骤 6：再次执行"文件"菜单中的"保存"命令或使用 Ctrl+S 组合键保存文件，保存文件名为 1-2.html。

步骤 7：双击页面，在浏览器中打开，效果如图 1-16 所示。

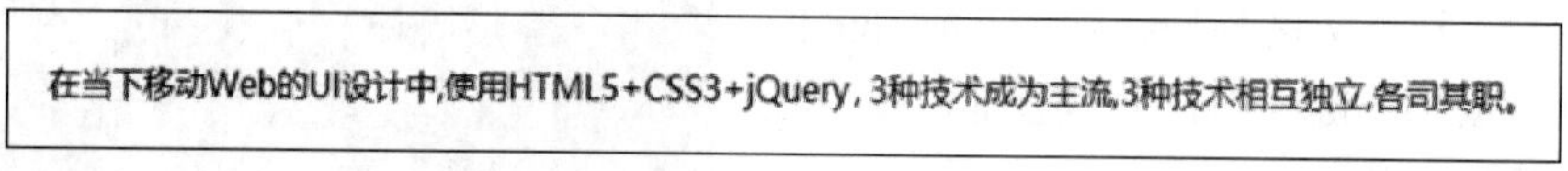

在当下移动 Web 的 UI 设计中,使用 HTML5+CSS3+jQuery, 3 种技术成为主流,3 种技术相互独立,各司其职。

图 1-16　简单的网页

说明：网页文件命名规则：①文件后缀名为 *.htm 或 *.html；②无空格；③无特殊符号（如 &），只可以有下划线"_"，只可以为英文、数字；④区分大小写；⑤首页文件名默认为 index.htm 或 index.html；⑥用拼音、英文、数字命名，莫用中文命名。

子任务 6　使用 Chrome 浏览器的开发者工具

浏览器是网页运行的环境，因此浏览器的类型也是在网页设计时遇到的一个问题。由于各个软件厂商对 HMTL 标准的支持有所不同，导致同样的网页在不同的浏览器下有不同的表现。

设计出来的网页在不同浏览器上效果一致，HTML5 可以让问题简单化，具备跨浏览器特性。为了能更好地展示网页效果，本书中所有的网页代码都在 Chrome 浏览器下运行。

Chrome 开发者工具（DevTools 或 Developer Tools）是 Google Chrome 浏览器中内置的一组网页制作和调试工具。开发者工具为网页开发人员提供了访问浏览器及其网页应用程序内部代码。使用开发者工具有效地跟踪布局问题，设置 JavaScript 断点，并获得代码优化策略。

1. 打开开发者工具的方法

（1）直接在页面上右击，然后在弹出的快捷菜单中选择"审查元素"或者"检查"选项。

（2）单击"自定义控制"按钮，在下拉菜单中选择"更多工具"→"开发者工具"选项。

（3）直接按 F12 键。

（4）使用 Ctrl+Shift+I 组合键。

2. 开发者工具简介

在 Chrome 开发者工具中，调试时使用最多的 3 个功能页面是元素（Elements）、控制

台（Console）和源代码（Sources），此外还有网络（Network）等，如图 1-17 所示。

（1）元素（Elements）：用于查看或修改 HTML 元素的属性、CSS 属性、监听事件、断点等。

（2）控制台（Console）：一般用于执行一次性代码，查看 JavaScript 对象，查看调试日志信息或异常信息。

（3）源代码（Sources）：该页面用于查看页面的 HTML 文件源代码、JavaScript 源代码、CSS 源代码，此外，最重要的是可以调试 JavaScript 源代码，可以给 JavaScript 代码添加断点等。

（4）网络（Network）：该页面主要用于查看 header 等与网络连接相关的信息。

查看元素代码：单击菜单栏中的箭头按钮 Elements Sources Console Network F （或者用 Ctrl+Shift+C 组合键）进入选择元素模式，然后从页面中选择需要查看的元素，可以在开发者工具元素（Elements）一栏中定位到该元素源代码的具体位置。

查看元素属性：可从被定位的源代码中查看部分属性，如 class、src，也可在右边的侧栏中查看全部的属性，如图 1-18 所示。

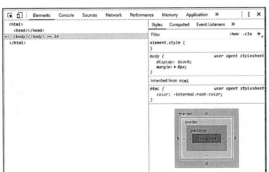

图 1-17　Chrome 功能页面

图 1-18　查看元素属性

子任务 7　使用换行标签

换行标签
 是一个单标签，它没有结束标签，是英文 break 的缩写，作用是将文字在一个段内强制换行。一个
 标签代表一个换行，连续多个标签可以实现多次换行。使用换行标签时，在需要换行的位置添加
 标签即可。

微课

【例 1-3】启动 Visual Studio Code 编辑器，使用换行标签完成文章的排版任务，将文件保存为 1-3.html。

```html
<!DOCTYPE html>
<html lang="en">
<head>
    <meta charset="UTF-8">
    <meta name="viewport" content="width=device-width, initial-scale=1. 0">
    <title>如何使用换行标签</title>
```

```
</head>
<body>
      MSN Space 对 HTML 语言具有相当强大的支持能力。<br> 虽然处理日志时，MSN
      Space 只提供给大家简单的几个文字处理功能，但如果你在网页编辑器中对
      文字图片作预先处理，<br> 那么通过简单的复制粘贴后，便能让你的日志看上去更
生动活泼。
</body>
</html>
```

在浏览器中预览效果如图 1-19 所示。

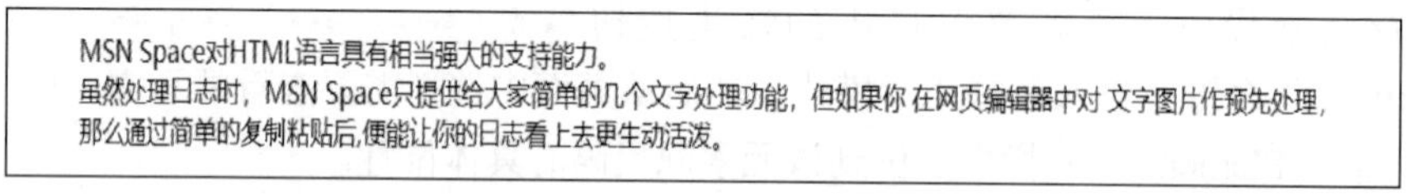

> MSN Space对HTML语言具有相当强大的支持能力。
> 虽然处理日志时，MSN Space只提供给大家简单的几个文字处理功能，但如果你 在网页编辑器中对 文字图片作预先处理，
> 那么通过简单的复制粘贴后，便能让你的日志看上去更生动活泼。

图 1-19　换行标签的使用

说明：例 1-3 的文字较长，在文章中使用了两个换行标签
，将该段文字分为了3 行。

子任务 8　使用段落标签

微课

在 HTML 文档中，使用 <p> 标签来标记一段文字。段落标签是双标签，即 <p></p>，在 <p> 开始标签和 </p> 结束标签之间的内容形成一个段落。如果省略结束标签，从 <p> 标签开始，直到遇见下一个段落标签之前的文本，都在一个段落内。

【例 1-4】启动 Visual Studio Code 编辑器，使用段落标签完成古诗的排版任务，将文件保存为 1-4.html。

```
<!DOCTYPE html>
<html lang="en">
<head>
    <meta charset="UTF-8">
     <meta name="viewport" content="width=device-width, initial-scale=1. 0">
    <title>段落标签的使用</title>
</head>
<body>
<h2>草 </h2>
  <h4>白居易（唐代）</h4>
  <p>离离原上草，一岁一枯荣。
     野火烧不尽，春风吹又生。</p>
  <p>远芳侵古道，晴翠接荒城。
     又送王孙去，萋萋满别情。</p>
```

```
</body>
</html>
```

在浏览器中预览效果如图 1-20 所示。

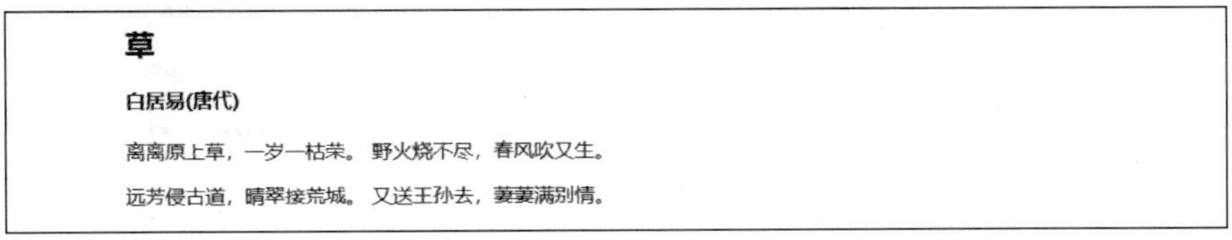

草

白居易(唐代)

离离原上草，一岁一枯荣。野火烧不尽，春风吹又生。

远芳侵古道，晴翠接荒城。又送王孙去，萋萋满别情。

图 1-20　段落标签的使用

说明：该首诗的标题、作者的出处分别使用了标题标签 <h2>、<h4>，<p> 标签将唐诗的内容分为了两段，对比上一个例子，换行标签的行间距与段落标签的行间距是不一样的，换行标签的间距较小，而段落标签的间距较大。

子任务 9　使用标题标签、水平线标签

（1）标题标签 <h1> ～ <h6>。在 HTML 文档中，文本的结构除了以行和段出现，往往还包含各种级别的标题。各种级别的标题由 <h1> ～ <h6> 元素来定义，<h1> ～ <h6> 标签中的字母 h 是英文 header 的简称。作为标题，它们的重要性是有区别的，其中 <h1> 标题的重要性最高，<h6> 标题的重要性最低。一般一个页面只能有一个 <h1>，而 <h2> ～ <h6> 可以有多个。

微课

（2）水平线标签 <hr>。<hr> 标签在 HTML 页面中创建一条水平线。水平分隔线（horizontal rule）可以在视觉上将文档分隔成多个部分。

【例 1-5】启动 Visual Studio Code 编辑器，使用标题标签和水平线标签完成铭文的排版任务，将文件保存为 1-5.html。

```
<!DOCTYPE html>
<html lang="en">
<head>
    <meta charset="UTF-8">
     <meta name="viewport" content="width=device-width, initial-
scale=1. 0">
    <title>标题标签、水平线标签实例</title>
</head>
<body>
    <h1>陌室铭 </h1>
    <hr>
    <h2>山不在高，有仙则名。</h2>
    <hr/>
    <h3>水不在深，有龙则灵。</h3>
    <hr/>
    <h4>斯是陌室，惟吾德馨。</h4>
```

```
    <hr/>
    <h5> 苔痕上阶绿，草色入帘青。</h5>
    <hr/>
    <h6> 谈笑有鸿儒，往来无白丁。</h6>
    <hr/>
</body>
</html>
```

图 1-21　标题标签和水平线标签的使用

在浏览器中预览效果如图 1-21 所示。

说明：例 1-5 使用了 <h1> ～ <h6> 标签，可以看到各级标题的字体大小是不一样的，<h1> 标题的重要性最高，字体最大，<h6> 标题的重要性最低，字体最小。

■ 项目实施

步骤 1：选择"开始"→"程序"→"Visual Studio Code"选项启动编辑器，选择"文件"菜单中的"新建文件"选项，如图 1-22 所示。

步骤 2：单击状态栏中的"纯文本"，在"选择语言模式"下拉列表中选择"HTML（html）"选项，如图 1-23 所示。

微课

图 1-22　新建文件

图 1-23　选择"HTML（html）"选项

步骤 3：在英文状态下输入"！"或"html：5"，然后按 Tab 键或 Ctrl+E 组合键，即可出现如下代码。

```
<!DOCTYPE html>
<html lang="en">
<head>
    <meta charset="UTF-8">
    <meta name="viewport" content="width=device-width, initial-
scale=1. 0">
    <title>Document</title>
</head>
<body>
```

```
</body>
</html>
```

步骤 4：修改 <title> 网页标题、<meta> 元素信息和添加注释内容，在网页的主体中添加内容，代码如下。

```
<!DOCTYPE html>
<html lang="en">
<head>
    <meta charset="UTF-8">
    <!-- 设置浏览器的阅读编码 -->
    <meta name="keywords" content="HTML5">
    <!-- 设置网站的关键字 -->
    <meta name="description" content="HTML5 语言特点 ">
    <!-- 网站描述 -->
    <title>HTML5 语言特点 </title>
    <!-- 设置网页的标题 -->
</head>
<body>
    <h3>HTML5 开发语言有哪些特点？ </h3>
    <hr>
    <h4>1、HTML5 语法较弱 </h4>
        <p> 在 W3C 制定的 HTML5 规范中，对于 HTML5 在语法结构上的规格限制是较松散
的，而在浏览器中具有同样的功能，是不区分大小写的。另外，也没有严格要求每个控制
标记都要有相对应的结束控制标记。</p>
    <h4>2、HTML5 编写简单 </h4>
        <p> 即使用户没有任何编程经验，也可以轻松使用 HTML 来设计网页，HTML5 的使用
只需将文本加上一些标记（Tags）即可。</p>

</body>
</html>
```

步骤 5：再次执行"文件"菜单中的"保存"命令或使用 Ctrl+S 组合键保存文件，保存文件名为 1-6.html。

步骤 6：双击页面，在浏览器中打开，效果如图 1-24 所示。

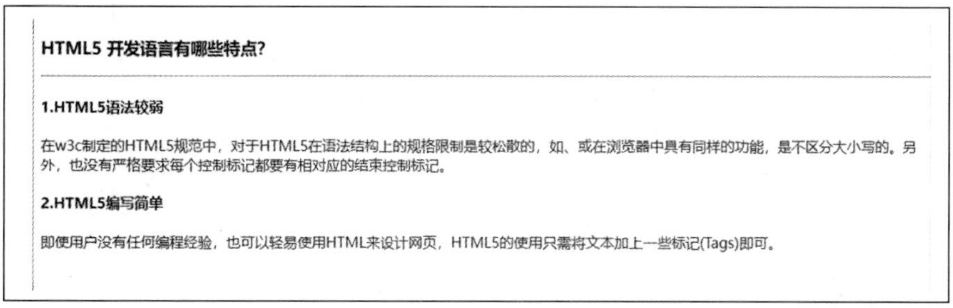

HTML5 开发语言有哪些特点?

1.HTML5语法较弱

在w3c制定的HTML5规范中，对于HTML5在语法结构上的规格限制是较松散的，如、或在浏览器中具有同样的功能，是不区分大小写的。另外，也没有严格要求每个控制标记都要有相对应的结束控制标记。

2.HTML5编写简单

即使用户没有任何编程经验，也可以轻易使用HTML来设计网页，HTML5的使用只需将文本加上一些标记(Tags)即可。

图 1-24　项目完成效果

项 目 总 结

本项目主要学习了 HTML5 的结构， Visual Studio Code 编辑器使用技巧及一些简单的 HTML 标签，如段落标签 <p>、换行标签
、标题标签 <h1> ～ <h6>、水平线标签 <hr> 的使用。重点掌握 HTML5 的结构及常用标签的使用。通过本项目的学习应能制作一张简单的 HTML5 网页。

本项目的主要知识点如下。

（1）HTML5 的基本结构：

```
<!DOCTYPE html>
<html lang="en">
<head>
    <meta charset="UTF-8">
    <meta name="viewport" content="width=device-width, initial-scale=1. 0">
    <meta http-equiv="X-UA-Compatible" content="ie=edge">
    <title>网页标题</title>
</head>
<body>
    网页内容
</body>
```

（2）段落标签 <p>、换行标签
、标题标签 <h1> ～ <h6>、水平线标签 <hr>。

项 目 拓 展

启动 Visual Studio Code 编辑器，根据图 1-25 所示的效果完成代码的编写，保存文件名为 1-7.html。

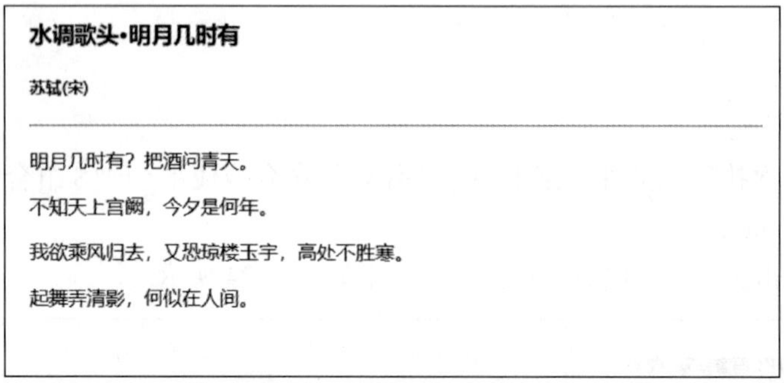

水调歌头·明月几时有

苏轼(宋)

————————————————————————

明月几时有？把酒问青天。

不知天上宫阙，今夕是何年。

我欲乘风归去，又恐琼楼玉宇，高处不胜寒。

起舞弄清影，何似在人间。

图 1-25　项目拓展效果

项目 2 CSS3 样式基础

 项目目标

知识目标

1. 掌握 CSS 样式的结构组成。

2. 了解行内样式、导入外部样式表的写法及区别。

3. 掌握内嵌式、链接式的写法。

技能目标

1. 能写一些简单的样式。

2. 能熟练在 HTML 文档中引入内嵌式、链接式。

 项目描述

　　层叠样式表 CSS 能够对网页中对象的位置排版进行像素级的精确控制，支持几乎所有的字体字号样式，拥有对网页对象和模型样式编辑的能力，并能够进行初步交互设计，是目前基于文本展示最优秀的表现设计语言。本项目主要是通过一个实例介绍 CSS 引入 HTML 的方法。

项目分析

　　1. 使用 <p> 标签、<h3> 标签将两行文字显示在页面。

　　2. 新建两个样式文件，设置 <p> 标签、<h3> 标签样式。

　　3. 使用 <link> 标签导入外部样式表。

　　项目完成的效果如图 2-1 所示。

> 我是被lianjie-2.css文件控制的，楼下的你呢?
> --
> 楼上的，我是lianjie.css文件给我穿的花衣.

图 2-1　项目完成的效果

■ 知识引入

子任务 1　了解 CSS 的结构组成

　　CSS（Cascading Style Sheet）中文译为层叠样式表，它是用于控制网页样式并允许将样式信息与网页内容分离的一种标记性语言。CSS 是 1996 年由 W3C 审核通过，并且推荐使用的。简单地说，CSS 的引入就是为了使得 HTML 语言能够更好地适应页面的美工设计。由于 CSS 语言是一种标记语言，因此不需要编译，可以直接由浏览器执行（属于浏览器解释语言）。CSS 文件是一个文本文件，它包含了一些 CSS 标记，CSS 文件必须使用 CSS 为文件名后缀。CSS 对大小写不敏感，CSS 与 css 是一样的。

　　CSS 样式的基本结构如图 2-2 所示。

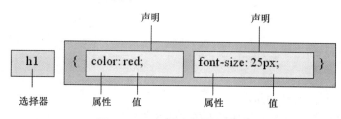

图 2-2　CSS 样式的基本结构

　　1．选择器

　　匹配样式将作用于页面中指定的对象，这些对象可以是某个标签、某个 class 名或某个 id 名等。浏览器在解析这个样式时，根据选择器来渲染对象的显示效果。

　　2．声明（规则）

　　声明可以有一个或多个，浏览器将根据声明来渲染选择器指定的对象。声明包括两个部分：属性和属性值。

　　（1）属性：是 CSS 预定义的样式选项。属性名可以是一个单词，如 width、height 等，也可以由多个单词组成，多个单词之间用连字符 "-" 相连，如图 2-2 中的 font-size 表示字体的大小，color 表示字体的颜色。

　　（2）属性值：用来设置属性要显示效果的参数，它可以是一个数值，一个单位，或者是一个预定义的关键字。

　　3．样式和声明的基本格式

　　一个样式的基本格式："选择器 { 声明 1；声明 2；…；声明 n；}"。

　　一个声明的基本格式："属性：属性值；"。

　　4．注释

　　注释的作用是便于开发人员理解代码的作用，在文档中完全看不见，只有通过查看源文件才能看见，故注释不会影响页面效果。

　　基本格式：HTML 中的格式为 "<!- 注释语句 ->"；CSS 中的格式为 "/* 注释语句 */"。

　　5．CSS 样式的保存

　　CSS 样式代码必须保存在 .css 类型的文本文件中，或者放入在网页内 <style> 标签中，或者插在网页标签的 style 属性中。

6. CSS 的 4 种样式

HTML 与 CSS 是两个作用不同的语言，要让它们同时对一个网页产生作用，必须确定在 HTML 中引入 CSS 的方法，主要有以下 3 种。

将 CSS 样式表放置在 HTML 文件头部：内嵌式。

将 CSS 样式表放置在 HTML 文件主体：行内式。

将 CSS 样式表放置在 HTML 文件外部：链接式与导入式。

子任务 2 使用行内样式

行内样式就是把 CSS 样式直接放在代码行内的标签中，一般都放入标签的 Style 属性中，由于行内样式直接插入标签中，是一种最直接的方式，同时也是修改最不方便的样式。其格式如下。

```
<body>
<HMTL 标签 style=" 样式属性：取值；样式属性：取值；"></HTML 标签 >
</body>
```

说明：HTML 标签就是页面中的 HTML 元素标签，如 <body>、<p>、<div> 等；Style 参数后面引号中的内容相当于样式表大括号里的内容。

【例 2-1】启动 Visual Studio Code 编辑器，输入以下代码，文件名保存为 2-1.html，该示例针对段落、<h2> 标签，分别应用 CSS 行内样式。

```
<!DOCTYPE html>
<html lang="en">
<head>
    <meta charset="UTF-8">
     <meta name="viewport" content="width=device-width, initial-scale=1. 0">
    <title> 行内样式 </title>
</head>
<body>
    <p style="background-color: blueviolet;"> 行内元素，控制段落 -1</p>
    <h2 style="background-color: coral;"> 行内元素，h2 标题元素 </h2>
    <p style="background-color: blueviolet;"> 行内元素，控制段落 -2</p>
</body>
</html>
```

在浏览器中预览效果如图 2-3 所示。

说明：例 2-1 中行内样式虽然编写简单，但通过示例也发现其存在缺陷：每个标签要设置新的样式都要添加 style 属性；后期维护成本高，即当修改页面时，需要逐个打开网站每个

图 2-3 行内样式表的使用

页面一一修改，根本看不到 CSS 所起到的作用；添加如此多的行内样式，页面体积大，门户网站若采用这种方式编写，则会浪费服务器带宽和流量。

子任务 3　使用内嵌式

微课

内嵌式就是将 CSS 写在 `<head>` 与 `</head>` 之间，通过使用 HTML 标签中的 `<style>` 和 `</style>` 标签将其包围，其特点是：该样式只能在此页面使用，解决行内样式多次书写的弊端。其格式如下。

```
<head>
<style type="text/css">
选择器 {样式属性：取值；样式属性：取值；……}
选择器 {样式属性：取值；样式属性：取值；……}
</style>
</head>
```

说明：`<style>` 标签用来声明使用内部样式表，各样式代码需要写在该标签对之间；type="text/css" 属性用来声明这是一段 CSS 样式代码；选择器也就是样式的名称。

【例 2-2】启动 Visual Studio Code 编辑器，输入以下代码；文件名保存为 2-2.html，在以下示例中，为段落、标题设置内嵌样式书写方法，减少代码量。

```
<!DOCTYPE html>
<html lang="en">
<head>
    <meta charset="UTF-8">
     <meta name="viewport" content="width=device-width, initial-scale=1. 0">
    <title>内嵌式</title>
    <style type="text/css">
        h1{color:#F00;}
        h2{color: #6699FF;}
        p{color:#60C;            text-decoration:underline;
          font-size:24px;
          }
    </style>
</head>
<body>
    <h1>css 标题 1</h1>
    <P>紫色、下划线、24px 的效果 1</P>
    <h2>css 标题 2</h2>
    <P>紫色、下划线、24px 的效果 2</P>

</body>
```

```
</html>
```

在浏览器中预览效果如图 2-4 所示。

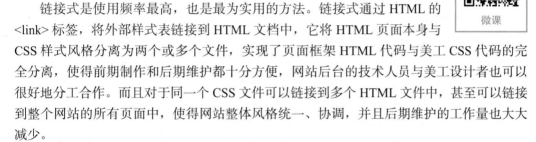

图 2-4　内嵌样式表的使用

子任务 4　使用链接式

链接式是使用频率最高，也是最为实用的方法。链接式通过 HTML 的
<link> 标签，将外部样式表链接到 HTML 文档中，它将 HTML 页面本身与
CSS 样式风格分离为两个或多个文件，实现了页面框架 HTML 代码与美工 CSS 代码的完
全分离，使得前期制作和后期维护都十分方便，网站后台的技术人员与美工设计者也可以
很好地分工合作。而且对于同一个 CSS 文件可以链接到多个 HTML 文件中，甚至可以链接
到整个网站的所有页面中，使得网站整体风格统一、协调，并且后期维护的工作量也大大
减少。

使用 <link> 标签导入外部样式表文件，其格式如下。

```
<head>
  <link href=" 样式表的地址 " type="text/css" rel="stylesheet" >
</head>
```

说明：href 属性设置外部样式表文件的地址，可以是相对地址，也可以是绝对地
址；rel 属性定义该标签关联的是样式表；type 属性定义文档的类型，即为 CSS 文本
文件。

一般在定义 <link> 标签时，应定义 3 个基本属性，其中 href 是必需设置属性，具体说
明如下。

href：定义样式式表文件 URL。

type：定义导入文件类型，同 style 元素一样。

rel：用于定义文档关联，这里表示关联样式表。

【例 2-3】启动 Visual Studio Code 编辑器，输入以下代码，文件名保存为 2-3.html。

```
<!DOCTYPE html>
<html lang="en">
<head>
    <meta charset="UTF-8">
    <meta name="viewport" content="width=device-width, initial-
scale=1. 0">
    <title>链接式 </title>
    <link href="1.css" type="text/css" rel="stylesheet" >
```

```
</head>
<body>
    <h1>css 标题 1</h1>
    <P> 紫色、下划线、24px 的效果 1</P>
    <h2>css 标题 2</h2>
    <P> 紫色、下划线、24px 的效果 2</P>

</body>
</html>
```

创建文件 1.css，输入以下代码。

```
h1{color: #f00;}
h2{color:#6699FF;}
p{color: #60C;
 text-decoration: underline;
font-size: 24PX;}
```

说明：从上面的例子可以看出，文件 1.css 将所有的 CSS 代码从 HTML 文件 2-3.html 中分离出来，然后在文件 2-3.html 的 <head></head> 标记之间加上"<link href="1.css" type="text/css" rel="stylesheet">"语句，将 CSS 文件链接到页面中，对其中的标记进行样式控制。其显示效果与内嵌样式表是一样的，如图 2-5 所示。

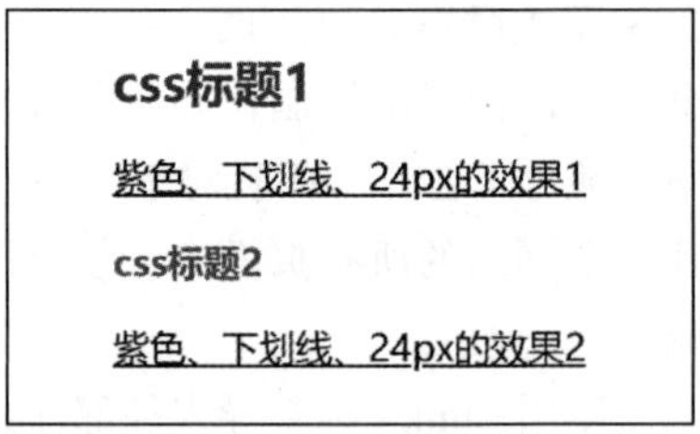

css标题1

紫色、下划线、24px的效果1

css标题2

紫色、下划线、24px的效果2

图 2-5　链接样式表的使用

子任务 5　使用导入式

微课

导入式与链接式的功能基本相同，只是语法和运作方式上略有区别。采用 import 方式导入的样式表，在 HTML 文件初始化时，会被导入 HTML 文件内，作为文件的一部分，类似内嵌式的效果。而链接式则是在 HTML 的标记需要格式时才以链接的方式导入。在 HTML 文件导入样式表，常用的有如下几种 @import 语句，可以选择任意一种放在 <style> 与 </style> 标记之间。其语法格式如下。

```
<head>
<style type="text/css">
@import url（外部样式表文件地址）;
</style>
</head>
```

说明：在 @import 关键字后面，利用 ulr（）函数包含具体的外部样式表文件的地址；外部样式表文件的文件扩展名必须为 .css；外部样式表地址可以是绝对地址，也可以是相对地址。

【例 2-4】启动 Visual Studio Code 编辑器输入以下代码，文件名保存为 2-4.html。

```
<!DOCTYPE html>
<html lang="en">
<head>
    <meta charset="UTF-8">
     <meta name="viewport" content="width=device-width, initial-
scale=1. 0">
    <meta http-equiv="X-UA-Compatible" content="ie=edge">
    <title> 导入式 </title>
    <style type="text/css">
        @import url（1.css）;
        </style>
</head>
<body>
    <h1>CSS 标题 1</h1>
    <p> 紫色、下划线、24px 的效果 1</p>
    <h2>CSS 标题 2</h2>
    <p> 紫色、下划线、24px 的效果 2</p>
    <h3>CSS 标题 3</h3>
    <p> 紫色、下划线、24px 的效果 3</p>
</body>
</html>
```

在浏览器中预览效果如图 2-6 所示。

说明：该例子在链接式例子的基础上进行了修改，加入了 <h3> 标题，前两行的效果与例 2-3.html 的效果是一样的，如图 2-6 所示，可以看到新引入的 <h3> 标记由于没有设置样式，因此保持着默认的风格。

> **CSS标题1**
>
> 紫色、下划线、24px的效果1
>
> CSS标题2
>
> 紫色、下划线、24px的效果2
>
> **CSS标题3**
>
> 紫色、下划线、24px的效果3

图 2-6　导入式的使用

导入式的最大用处在于可以让一个 HTML 文件导入很多的样式表，以例 2-4.html 为基础进行修改，创建文件 2.css，同时使用两个 @import 语句将 1.css 和 2.css 同时导入 HTML 中，具体见例 2-5。

【例 2-5】启动 Visual Studio Code 编辑器，输入以下代码，文件名保存为 2-5.html。

```
<!DOCTYPE html>
<html lang="en">
<head>
    <meta charset="UTF-8">
     <meta name="viewport" content="width=device-width, initial-
scale=1. 0">
    <meta http-equiv="X-UA-Compatible" content="ie=edge">
    <title> 多样式表导入 </title>
    <style type="text/css">
```

```
        @import url（1.css）;
        @import url（2.css）;
    </style>
</head>
<body>
    <h1>CSS 标题 1</h1>
    <p> 紫色、下划线、24px 的效果 1</p>
    <h2>CSS 标题 2</h2>
    <p> 紫色、下划线、24px 的效果 2</p>
    <h3>CSS 标题 3</h3>
    <p> 紫色、下划线、24px 的效果 3</p>

</body>
</html>
```

说明：可以看到新导入的 2.css 中设置的 <h3> 风格样式也被运用到了页面效果中，而原有的 1.css 效果保持不变。

然后创建文件 2.css，将 <h3> 设置为斜体，颜色为青色，大小为 36px。

```
h3{color:#3CF;
    font-style:italic;
    font-size:36px;}
```

最终效果如图 2-7 所示。

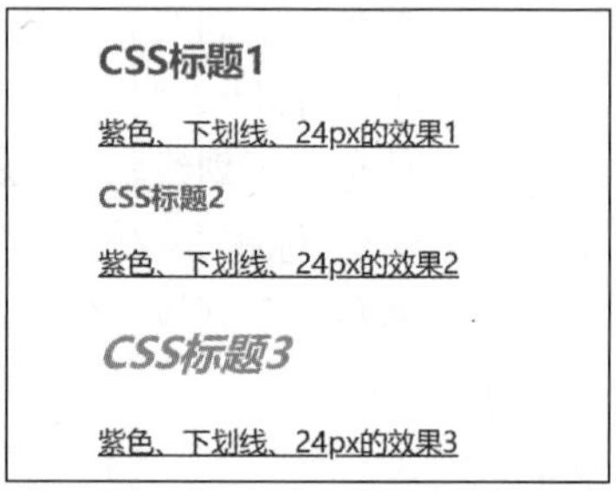

CSS标题1

<u>紫色、下划线、24px的效果1</u>

CSS标题2

<u>紫色、下划线、24px的效果2</u>

CSS标题3

<u>紫色、下划线、24px的效果3</u>

图 2-7 多个样式表的导入

■ 项目实施

步骤 1：启动 Visual Studio Code 编辑器，首先建立简单的页面框架，将文章中的文字显示在页面中，效果如图 2-8 所示。

微课

```
<!DOCTYPE html>
<html lang="en">
<head>
    <meta charset="UTF-8">
    <meta name="viewport" content="width=device-width, initial-scale=1. 0">
    <title> 链接式的拓展 </title>
</head>
<body>
    <p> 我是被 lianjie-2.css 文件控制
的，楼下的你呢？ </p>
```

我是被lianjie-2.css文件控制的，楼下的你呢？

楼上的，我是lianjie.css文件给我穿的花衣.

图 2-8 页面文字的显示

```
    <h3> 楼上的，我是 lianjie.css 文件给我穿的花衣 .</h3>
</body>
</html>
```

步骤 2：编写 lianjie.css 文件代码：

```
h3{
    font-weight: normal; /* 取消标题默认加粗效果 */
    background-color: rosybrown;/* 设置背景颜色 */
}
```

步骤 3：编写 lianjie-2.css 文件代码：

```
p{
    color: #FF3333;/* 字体颜色设置 */
    border-bottom: 3px dashed #009933; /* 设置下加框线 */
    line-height: 30px; /* 设置行高 */
}
```

步骤 4：使用 <link> 标签导入外部样式表，文件名保存为 2-6.html，效果如图 2-9 所示。

```
<!DOCTYPE html>
<html lang="en">
<head>
    <meta charset="UTF-8">
     <meta name="viewport" content="width=device-width, initial-
scale=1.0">
    <title> 链接式的拓展 </title>
    <link href="lianjie.css" type="text/css" rel="stylesheet">
    <link href="lianjie-2.css" type="text/css" rel="stylesheet">
</head>
<body>
    <p> 我是被 lianjie-2.css 文件控制的，楼下的你呢？ </p>
    <h3> 楼上的，我是 lianjie.css 文件给我穿的花衣 .</h3>
</body>
</html>
```

我是被lianjie-2.css文件控制的，楼下的你呢？

楼上的，我是lianjie.css文件给我穿的花衣.

图 2-9　使用链接式后的效果

项 目 总 结

本项目主要学习了在 HTML 中引入 CSS 样式的 4 种方法：行内样式、内嵌式、链接式和导入式。重点掌握链接式引入的写法，这种方法在网页制作过程使用较多，在学习过程中，多写多练则能达到熟能生巧的目的。

本项目的主要知识点如下。

（1）CSS 样式由两个部分组成：选择器和声明（规则），CSS 样式的基本结构如图 2–10 所示。

声明
声明
h1
{
color: red;
font-size: 25px;
}
选择器
属性
值
属性
值

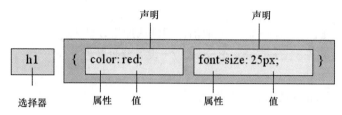

图 2–10　CSS 样式的基本结构

（2）行内样式：

```
<body>
<HMTL 标签 style=" 样式属性：取值；样式属性：取值；"></HTML 标签 >
</body>
```

（3）内嵌式：

```
<head>
<style type="text/css">
选择器 {样式属性：取值 ； 样式属性：取值 ；.....}
选择器 {样式属性：取值 ； 样式属性：取值 ；.....}
</style>
</head>
```

（4）链接式：

```
<head>
 <link href=" 样式表的地址 " type="text/css" rel="stylesheet" >
</head>
```

（5）导入式：

```
<head>
<style type="text/css">
@import url（外部样式表文件地址）；
</style>
</head>
```

项目拓展

启动 Visual Studio Code 编辑器，根据图 2–11 所示的效果完成代码的编写，分别使用内嵌式、链接式，保存文件名为 2–7.html、2–8.html。

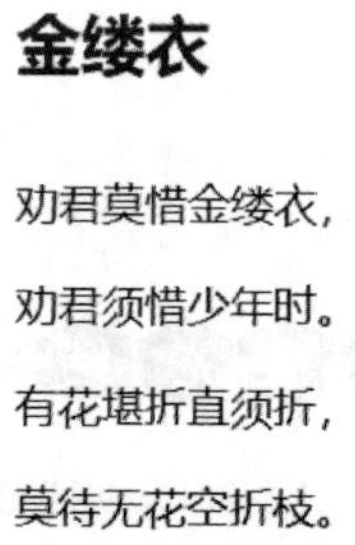

金缕衣
劝君莫惜金缕衣，
劝君须惜少年时。
有花堪折直须折，
莫待无花空折枝。

图 2–11　项目拓展效果

 项目目标

知识目标

1. 了解选择器的分类。

2. 了解选择器的优先级。

3. 掌握 9 种选择器的结构组成。

4. 掌握 9 种选择器的使用方法。

技能目标

能够区分使用不同的选择器。

项目描述

在项目 2 中我们主要学习了在 HTML 中引入 CSS 样式的方法，本项目主要学习使用 CSS 选择器控制 HTML 页面中的各个标签。要使用 CSS 对 HTML 页面中的元素实现一对一、一对多或多对一的控制，这就需要用到 CSS 选择器。HTML 页面中的元素就是通过 CSS 选择器进行控制的。

项目分析

1. 将文章中的文字使用 HTML 标签显示在页面中。

2. 使用全局声明"*"控制网页中所有字体的大小、颜色。

3. 使用群组选择器","控制前两行的字体颜色。

4. 使用类别选择器控制第三行的样式效果。

5. 使用 ID 选择器控制最后一行的样式效果。

6. 使用子选择器将第四行的"萋萋"二字突显出来。

7. 使用相邻选择器将三首诗的名称变为灰色。

8. 使用结构伪类选择正确的诗名并设置相应的样式。

9．使用动态结构伪类控制"百度"的链接效果。

项目完成的效果如图 3-1 所示。

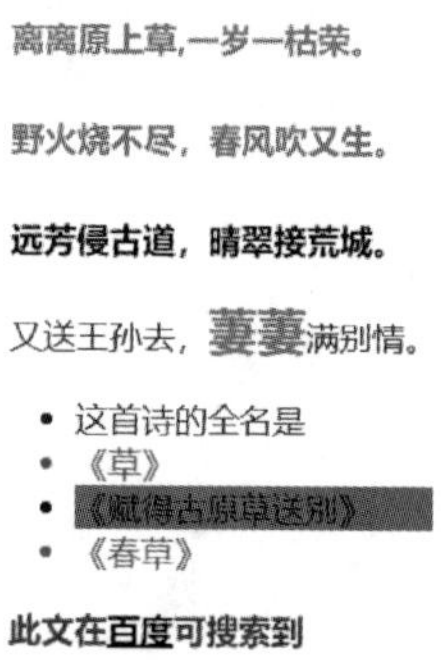

知识引入

子任务 1　了解选择器

CSS 选择器：就是指定 CSS 要作用的标签，那个标签的名称就是选择器。意为选择哪个容器。CSS 语法结构由三部分组成：选择器名、属性和属性值，具体形式如下。

```
selector{property:value;property:value……property:value }
```

说明：selector 为选择器的名，property 为属性，value 为属性值。一个选择器可以有多个属性和属性值，属性和属性值合称为声明语句。在实际编写 CSS 代码时，可以将不同的属性写在不同的行中，如下所示。

选择器名 {

属性名 1：属性值；

属性名 2：属性值；

……

属性名 n：属性值；

}

选择器的分类如下。

（1）标签选择器（如 body、div、p、ul、li）。

（2）类别选择器（如 class="head"、class="head_logo"）。

（3）ID 选择器（如：id="name"、id="name_txt"）。

（4）通配符选择器（如 *）。

（5）相邻选择器（h1+p）。

（6）子选择器（ul < li）。

（7）后代选择器（如 div p，注意两个选择器用空格键分开）。

（8）群组选择器（如 p，td，li{ line-height：20px；color：#c00；}）。

（9）伪类选择器（a：hover、li：nth-child）。

选择器的优先级：选择器越特殊，它的优先级越高，也就是选择器指向得越准确，它的优先级就越高。通常我们用 1 表示标签名选择器的优先级，用 10 表示类选择器的优先级，用 100 表示 ID 选择器的优先级。行内样式的优先级高于 ID 选择器，而 ID 选择器又高于类别选择器，类别选择器又高于标记样式。总结为：行内样式 >ID 样式 > 类别样式 > 标记样式；范围越小，权限越高。

子任务 2　使用标签选择器

标签选择器是直接将 HTML 标签作为 CSS 选择器，可以是 p、h1、

离离原上草，一岁一枯荣。

野火烧不尽，春风吹又生。

远芳侵古道，晴翠接荒城。

又送王孙去，**萋萋**满别情。

- 这首诗的全名是
- 《草》
- 《赋得古原草送别》
- 《春草》

此文在百度可搜索到

图 3-1　项目完成的效果

微课

dl、strong 等 HTML 标签。例如：

```
p{font:12px;}
em{color:blue;}
dl{float:left;margin-top:10px;}
```

一个 HTML 页面由很多不同的标签组成，而 CSS 标签选择器就是声明哪些标签采用哪种 CSS 样式。例如，p 选择器就是用于声明页面中所有的 <p> 标签的样式风格。同样可以通过 h1 选择器来声明页面中所有的 <h1> 标签的 CSS 风格，如图 3-2 所示。

以上这段 CSS 代码声明了 HTML 页面中所有的 <h1> 标签，文字的颜色都采用红色，大小都为 25 像素。每个 CSS 选择器都包含选择器本身、属性和值，其中属性和值可以设置多个，从而实现对同一个标签声明多种样式风格，如图 3-3 所示。

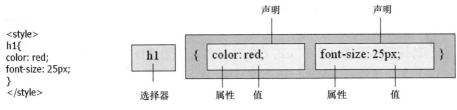

图 3-2　标签选择器的使用　　　　　图 3-3　标签选择器的组成

在标签选择器中一旦声明，那么页面中所有的该标记都会相应地产生变化。例如，当声明 <p> 标签为红色时，页面中所有的 <p> 标签都将显示为红色。如果希望其中的某一个 <p> 标签不是红色，而是蓝色，这时仅依靠标记选择器是不够的，还需要引入类别（class）选择器。

【例 3-1】启动 Visual Studio Code 编辑器，输入以下代码，文件名保存为 3-1.html。

```
<!DOCTYPE html>
<html lang="en">
<head>
    <meta charset="UTF-8">
    <meta name="viewport" content="width=device-width, initial-scale=1. 0">
    <meta http-equiv="X-UA-Compatible" content="ie=edge">
    <title> 标签选择器的使用 </title>
    <style type="text/css">
        h1{color: coral;font-size: 24px;}
        h2{color:cornflowerblue;font-size:24px;}
        p{color: blue; font-family:" 黑体 ";}
    </style>
</head>
<body>
    <h1> 问君能有几多愁，恰似一江春水向东流。</h1>
    <h2> 剪不断，理还乱，是离愁，就是一般滋味在心头。</h2>
    <p> 独自莫凭栏，无限江山，别时容易见时难，流水落花春也去，天上人间。</p>
```

```
</body>
</html>
```

在浏览器中预览，其显示效果如图 3-4 所示。

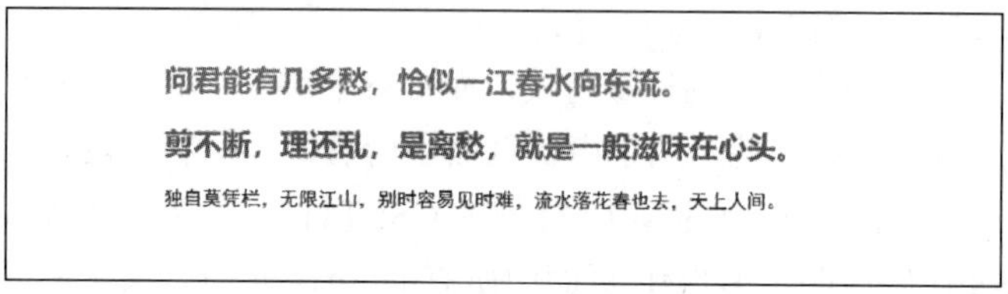

问君能有几多愁，恰似一江春水向东流。

剪不断，理还乱，是离愁，就是一般滋味在心头。

独自莫凭栏，无限江山，别时容易见时难，流水落花春去也，天上人间。

图 3-4　使用标签选择器

子任务 3　使用类别选择器

微课

类别选择器是指以"."开头的 CSS 选择器，类别选择器的名称可以由用户自定义，属性和值与标记选择器一样。类别选择器的格式如图 3-5 所示。

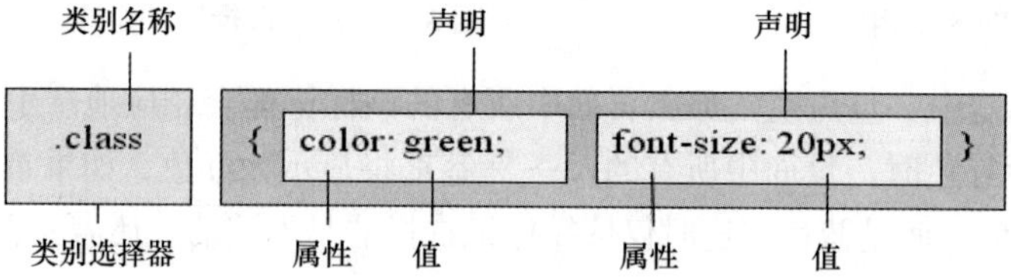

类别名称　　　　　　声明　　　　　　声明

.class　　{　color: green;　　font-size: 20px;　　}

类别选择器　　属性　值　　　属性　　值

图 3-5　类别选择器的格式

【例 3-2】启动 Visual Studio Code 编辑器，输入以下代码，文件名保存为 3-2.html。

```html
<!DOCTYPE html>
<html lang="en">
<head>
    <meta charset="UTF-8">
    <meta name="viewport" content="width=device-width, initial-scale=1. 0">
    <title>使用 class 选择器 </title>
    <style type="text/css">
        .one{
            color:red;          /* 红色 */
            font-size:18px;     /* 文字大小 */
        }
        .two{
            color:green;        /* 绿色 */
            font-size:20px;     /* 文字大小 */
        }
        .three{
```

```
            color:cyan;              /* 青色 */
            font-size:22px;          /* 文字大小 */
        }
        </style>
    </head>
<body>
    <p class="one">class 选择器 1</p>
    <p class="two">class 选择器 2</p>
    <p class="three">class 选择器 3</p>
    <h3 class="two">h3 同样适用 </h3>
</body>
</html>
```

图 3-6　使用类别选择器

在浏览器中预览，其显示效果如图 3-6 所示，可以看到 3 个 <p> 标签分别呈现出了不同的颜色及字体大小，而且任何一个 class 选择器都适用于所有 HTML 标签，只需要用 HTML 标签的 class 属性声明即可。最后一行的 <h3> 标记显示效果为粗体字，而同样使用了 .two 选择器的第 2 个 <p> 标签却没有变成粗体。这是因为在 .two 类别中没有定义字体的粗细属性，因此各个 HTML 标签都采用了其自身默认的显示方式，<p> 默认为正常粗细，而 <h3> 默认为粗体字。

子任务 4　使用 ID 选择器

微课

ID 选择器的使用方法与 class 选择器基本相同，不同之处在于 ID 选择器只能在 HTML 页面中使用一次，因此其针对性更强。在 HTML 的标记中只需要利用 id 属性，就可以直接调用 CSS 中的选择器，其格式如图 3-7 所示。

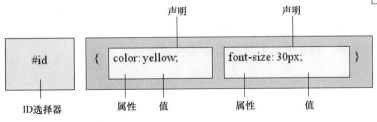

图 3-7　ID 选择器的格式

W3C 标准这样规定的，在同一个页面内，不允许有相同名称的 id 对象出现，但是允许相同名称的 class。这样，一般网站分为头、体、脚部分，因为考虑到它们在同一个页面只会出现一次，所以用 id，其他的，比如你定义了一个颜色为 red 的 class，在同一个页面也许要多次用到，就用 class 定义。另外，当页面中用到 JavaScript 或者要动态调用对象的时候，要用到 id，所以要根据自己的情况运用。

【例 3-3】启动 Visual Studio Code 编辑器，输入以下代码，文件名保存为 3-3.html。
```
<!DOCTYPE html>
```

```
<html lang="en">
<head>
    <meta charset="UTF-8">
     <meta name="viewport" content="width=device-width,  initial-
scale=1. 0">
    <title>使用 ID 选择器</title>
<style type="text/css">

#one{
    font-weight:bold;          /* 粗体 */
}
#two{
    font-size:30px;            /* 字体大小 */
    color:#009900;             /* 颜色 */
}


</style>
    </head>


<body>
    <p id="one">ID 选择器 1</p>
    <p id="two">ID 选择器 2</p>
    <p id="two">ID 选择器 3</p>
    <p id="one two">ID 选择器 3</p>
</body>
</html>
```

在浏览器中预览，其显示效果如图 3-8 所示。

说明：在浏览器中我们看到当 ID 选择器同时调用时，是无法显示效果的，但是在类别选择器中就可以同时调用。

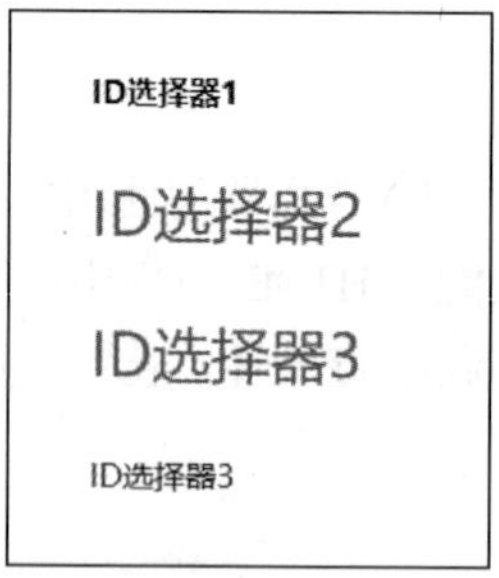

图 3-8　使用 ID 选择器

子任务 5　通配符选择器

通配符使用星号"*"表示，意思是"所有的"，在 CSS 中，同样使用 * 代表所有的标签或元素，它称为通配符选择器。例如：* { color: red; }，这里就把所有元素的字体设置为红色。

微课

* 会匹配所有的元素，因此针对所有元素的设置可以使用 * 来完成，用得最多的例子如下。

```
*{margin:0px; padding:0px;}
```

这里是设置所有元素的外边距 margin 和内边距 padding 都为 0。

由于 * 会匹配所有的元素，这样会影响网页渲染的时间，因此很多人停止使用 * 通配符选择器，取而代之的是，把所有需要统一设置的元素放在一起，统一设置。

例如：

```
blockquote, body, button, dd, dl, dt, fieldset, form, h1, h2, h3,
h4, h5, h6, hr, input, legend, li, ol, p, pre, td, textarea, th, ul{
margin:0; padding:0}
```

【例3-4】启动 Visual Studio Code 编辑器，输入以下代码，文件名保存为 3-4.html。

```
<!DOCTYPE html>
<html lang="en">
<head>
    <meta charset="UTF-8">
    <meta name="viewport" content="width=device-width, initial-
scale=1. 0">
    <title>使用通配符选择器</title>
<style type="text/css">

*{                      /* 全局声明 */
    color: purple;                  /* 文字颜色 */
    font-size:15px;                 /* 字体大小 */
}
h2. special, .special, #one{      /* 集体声明 */
    text-decoration:underline;  /* 下划线 */
}
</style>
    </head>
<body>
    <h1>全局声明 h1</h1>
    <h2 class="special">全局声明 h2</h2>
    <h3>全局声明 h3</h3>
    <h4>全局声明 h4</h4>
    <h5>全局声明 h5</h5>
    <p>全局声明 p1</p>
    <p class="special">全局声明 p2</p>
    <p id="one">全局声明 p3</p>
</body>
</html>
```

在浏览器中预览，其显示效果如图 3-9 所示。

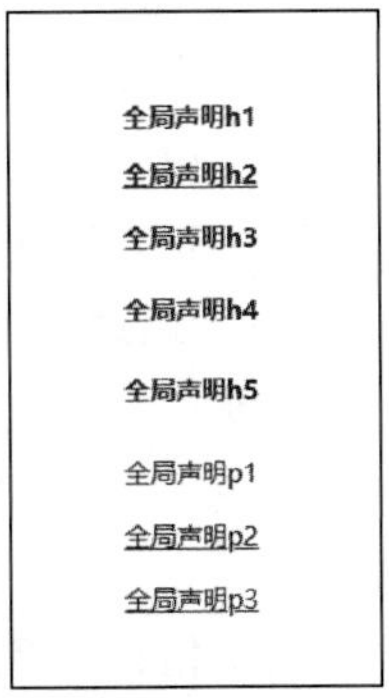

对于实际网站中的一些小型页面，如弹出的小对话框和上传附件的小窗口等，希望这些页面中所有的标记都使用同一种 CSS 样式，但又不希望逐个来加入群组选择器列表。这时可以利用全局声明符号"*"。

全局声明 h1

全局声明 h2

全局声明 h3

全局声明 h4

全局声明 h5

全局声明 p1

全局声明 p2

全局声明 p3

图 3-9 使用通配符选择器

子任务 6　相邻选择器

微课

相邻选择器通过加号（+）分隔符定义，其基本结构是第一个选择器指定前面的相邻元素，后面的选择器指定相邻元素，前后选择符的关系是兄弟关系，即在 HTML 结构中，两个标签前为兄、后为弟，否则无法应用。其语法为：h1 + p {margin-top：50px；}，表示"选择紧接在 h1 元素后出现的段落，h1 和 p 元素拥有共同的父元素"，这是官方的说法，理解的误区在于这个加号，h1 和 p 并不是同时被选中的，而是选择的是 h1 紧跟着后面的 p 元素，是递进的关系。

在以下示例中，通过 4 种情况对相邻选择器应用范围进行测试。

【例 3-5】启动 Visual Studio Code 编辑器，输入以下代码，文件名保存为 3-5.html。

```html
<!DOCTYPE html>
<html lang="en">
<head>
    <meta charset="UTF-8">
     <meta name="viewport" content="width=device-width, initial-scale=1. 0">
    <meta http-equiv="X-UA-Compatible" content="ie=edge">
    <title>相邻选择器的使用</title>
    <styletype="text/css">
    p+h3{ background-color: cornflowerblue;;}
    </style>
</head>
<body>
    <h2>情况一：</h2>
    <p>子选择器控制 P 标签，能控制我吗</p>
    <h3>相邻选择器</h3>
    <h2>情况二：</h2>
    <div>我隔开段落和 h3 标签</div>
    <p>子选择器控制 P 标签，能控制我吗</p>
    <h3>相邻选择器</h3>
    <h2>情况三：</h2>
    <h3>相邻选择器</h3>
    <p>子选择器控制 P 标签，能控制我吗</p>
    <div>
            <h2>情况四：</h2>
            <p>子选择器控制 P 标签，能控制我吗</p>
    <h3>相邻选择器</h3>
    </div>
```

```
</body>
</html>
```

在浏览器中预览，其显示效果如图 3-10 所示。

以上示例中，将相邻选择器分成 4 种情况进行分析。

（1）正常情况下，<p> 标签和 <h3> 标签是兄弟元素。

（2）添加一个 div 标签将 <p> 标签和 <h3> 标签与第 1 种情况进行间隔，测试在元素间隔时，样式是否有效。

（3）<h3> 标签为兄元素、<p> 标签为弟元素，测试是否受影响。

（4）为 <p> 标签和 <h3> 标签加一层父层，查看是否受影响。

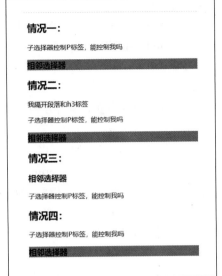

图 3-10　使用相邻选择器

通过浏览器发现，第 1 种情况、第 2 种情况、第 4 种情况均有效，第 3 种情况无效。相邻选择器编写 CSS 样式：第 1 个元素为兄、第 2 个元素为弟，则 HTML 代码中兄和弟的关系不能调换，否则样式无效，再者无论有多少父层，只要它们是直接关系，则样式有效，这一点与子选择器是有区别的。

子任务 7　使用子选择器

子选择器是指定父元素所包含的子元素。子选择器使用尖角符号（>）连接父子元素来表示，如 h2>span。

【例 3-6】启动 Visual Studio Code 编辑器，输入以下代码，文件名保存为 3-6.html。

```
<!DOCTYPE html>
<html lang="en">
<head>
    <meta charset="UTF-8">
    <meta name="viewport" content="width=device-width, initial-
scale=1. 0">
    <meta http-equiv="X-UA-Compatible" content="ie=edge">
    <title> 子选择器的使用 </title>
    <style type="text/css">
    h2{ color:cornflowerblue;}
    h2>span{color: crimson; font-size:36px;}
 p{ color:black; background-color:cornflowerblue;}
    p>span{color: hotpink; font-size:36px;}
    </style>
</head>
```

```
<body>
    <h2><span>子</span>选择器的使用</h2>
    <p>问君能有几多<span>愁</span>，恰似一江春水向东流。</p>
</body>
</html>
```

在浏览器中预览，其显示效果如图 3-11 所示。

从图 3-11 可以看到，包含在 h2 元素内的子元素 span 字体颜色为 crimson，包含在 p 元素内的子元素 span 字体颜色为 hotpink。通过这种方式，可以准确定义 HTML 文档某个或一组元素的样式。

图 3-11　使用子选择器

子任务 8　使用后代选择器

微课

CSS 选择器中的后代选择器也称为派生选择器。可以使用后代选择器给一个元素里的子元素定义样式。例如：

```
li strong{ font-style:italic;  font-weight:800;  color:#f00;  }
#main p{ color:#000;  line-height:26px;  }
#sider.con span{  color:#000;  line-height:26px;  }
#siderul li.subnav1{  margin-top:5px;  }
```

第一段中给 li 下面的子元素 strong 定义一个斜体加粗而且套红的样式。其他以此类推。

第二段中后代选择器的使用是非常有益的，如果父元素内包括的 HTML 元素具有唯一性，那么不必给内部元素再指定 class 或 id，直接应用此选择器即可，例如下面的 h3 与 ul 就不必指定 class 或 id。

```
< div  id="sider">
   < h3> < /h3>
     < ul>
         < li>... < /li>
         < li>... < /li>
         < li>... < /li>
   < /ul>
< /div>
```

在这里 CSS 就可以这样写：

```
#sider h3{...}
#sider ul{...}
#sider ul  li{...}
```

后代选择器的使用能大大简化 HTML 文档，使 HTML 做到结构化明确，用最少的代码实现同样的效果。

```
iderh3, art_titleh2{ font-weight:100; }
```

CSS 后代选择器与子代选择器的区别如下。

（1）后代选择器用空格，如 A B C｛border：1px solid red；｝。

（2）子选择器用 >，如 A>B｛border：1px solid red；｝。

（3）后代指所有后代，而子代单指第一代。

【例 3-7】启动 Visual Studio Code 编辑器，输入以下代码，文件名保存为 3-7.html。

```
<!DOCTYPE html>
<html lang="en">
<head>
    <meta charset="UTF-8">
    <title> 后代与子代选择器的区别 </title>
    <styletype="text/css">
        .zero>li
        {
            border:1px solid blue;
        }
        ul li{border: 1px solid lightblue;}
    </style>
</head>
<body>
    <ul class="zero" >
        <li> 我是祖先 </li>
        <ul>zero
            <li> 我是第二代 </li>
                <ul>
                    <li>
                    我是第三代
                    </li>
                </ul>
        </ul>
    </ul>
</body>
</html>
```

在浏览器中预览，其显示效果如图 3-12 所示。

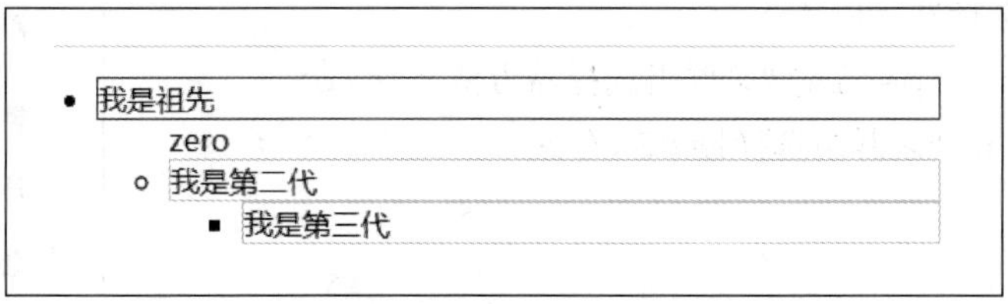

图 3-12　使用后代选择器

子任务 9　使用群组选择器

当几个元素样式属性一样时，可以共同调用一个声明，元素之间用逗号分隔，这就是 CSS 选择器中的群组选择器。例如：

```
p, td, li{ line-height:20px;  color:#c00;  }
#main p, #sider span{  color:#000;  line-height:26px;  }
.www_52css_com, #mainp span{color:#f60;  }
```

【例 3-8】启动 Visual Studio Code 编辑器，输入以下代码，文件名保存为 3-8.html。

```html
<!DOCTYPE html>
<html lang="en">
<head>
    <meta charset="UTF-8">
     <meta name="viewport" content="width=device-width, initial-scale=1. 0">
    <title> 群组选择器的使用 </title>
    <style type="text/css">
        h1, h2, h3, h4, h5, p{          /* 群组选择器的使用方法 */
            color: midnightblue;        /* 文字颜色 */
            font-size:15px;             /* 字体大小 */
        }
        h2. special,  .special,  #one{    /* 群组选择器的使用方法 */
            text-decoration:underline;    /* 下划线 */
        }
        </style>

</head>
<body>
    <h1> 群组选择器 h1</h1>
    <h2 class="special"> 群组选择器 h2</h2>
    <h3> 群组选择器 h3</h3>
    <h4> 群组选择器 h4</h4>
    <h5> 群组选择器 h5</h5>
    <p> 群组选择器 p1</p>
    <p class="special"> 群组选择器方法 p2</p>
    <p id="one"> 群组选择器 p3</p>

</body>
</html>
```

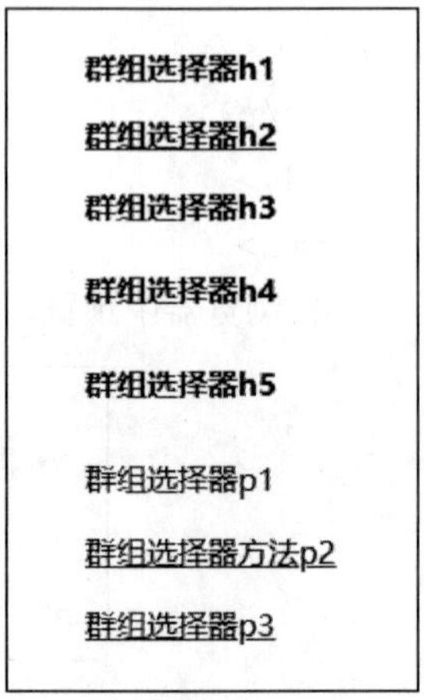

在浏览器中预览，其显示效果如图 3-13 所示。

图 3-13　使用群组选择器

子任务 10　使用伪类选择器

微课

伪类选择器是一种特殊的选择器，CSS 的伪类选择器主要包括 4 种：动态伪类、结构伪类、否定伪类和状态伪类。在这里主要介绍前两种选择器。伪类选择器以冒号（：）作为前缀标识符，冒号前可以添加选择符，限定伪类应用的范围，冒号后为伪类对象名，冒号前后没有空格，否则将错认为类选择器。

CSS 伪类选择器有以下两种用法。

（1）单纯式，E：pseudo-class {property：value}。其中，E 为元素，pseudo-class 为伪类名称，property 为 CSS 属性，value 为 CSS 属性的值。例如：

```
a:link{color:red}
```

（2）混用式，E.class：pseudo-class {property：value}。其中， class 表示类选择符。把类选择符与伪类选择符组成一个混合式的选择器，能够设计更复杂的样式，以精准匹配元素。例如：

```
a.selected:hover{color:blue;}
```

1. 动态伪类

CSS 提供了 5 种基本伪类选择器，分别对应 HTML 标记的 5 种状态，如表 3-1 所示。

表 3-1　CSS 提供的基本伪类选择器

伪类选择器	作用
：link	链接没有被访问过的样式
：visited	链接被访问过后的样式
：hover	鼠标指针悬浮在链接上时的样式
：active	按下鼠标左键时发生的样式
：focus	用于元素成为焦点时的样式效果，这个经常用在表单元素上

对于这 4 个锚点伪类的设置，有一点需要特别注意，那就是它们的先后顺序，要让它们遵守一个顺序原则，也就是 link → visited → hover → active。

【例 3-9】启动 Visual Studio Code 编辑器，输入以下代码，文件名保存为 3-9.html。

```
<!DOCTYPE html>
<html lang="en">
<head>
    <meta charset="UTF-8">
    <meta name="viewport" content="width=device-width, initial-scale=1. 0">
    <title>伪类选择器的使用</title>
    <styletype="text/css">
        a{text-decoration: none;}
        a:link{color:black;}/* 链接没有被访问过的样式 */
        a:visited{color: red; background-color:royalblue;}
```

```
            /* 链接被访问过后的样式 */
            a:hover{color: slateblue;}/* 鼠标指针悬浮在链接上时的样式 /*
            a:active{color: seagreen; font-size: 36px;}
/* 按下鼠标左键时发生的样式 */
        </style>
</head>
<body>
        <a href="http://www.baidu.com">链接1</a>
        <a href="#">链接2</a>
        <a href="#">链接3</a>
        <a href="#">链接4</a>
        <a href="#">链接5</a>
</body>
</html>
```

在浏览器中预览，其显示效果如图3-14所示。

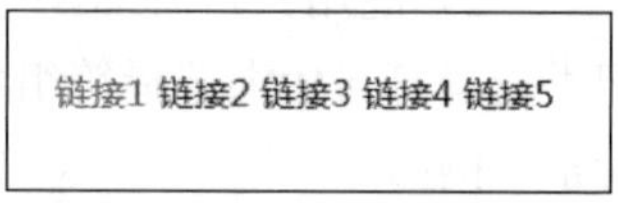

链接1 链接2 链接3 链接4 链接5

图3-14　使用伪类选择器

2. 结构伪类

结构伪类CSS3新设计的选择器，它利用文档结构实现元素的过滤，通过文档结构的相互关系来匹配特定的元素，从而减少文档内class属性和ID属性的定义，使得文档更加简洁。

结构伪类有很多形式，这些形式的用法是固定的，但可以灵活使用，以便设计各种特殊样式的效果。现对几种常用的结构伪类进行简单的说明。

（1）: first-child：选择某个元素的第一个元素。

（2）: last-child：选择某个元素的最后一个元素。

（3）: nth-child（n）：选择某个元素的一个或多个特定的子元素。

（4）: nth-last-child（n）：选择某个元素的一个或多个特定的子元素，从最后一个元素开始计算，来选择特定元素。

【例3-10】启动Visual Studio Code编辑器，输入以下代码，文件名保存为3-10.html。

```
<!DOCTYPE html>
<html lang="en">
<head>
        <meta charset="UTF-8">
        <meta name="viewport" content="width=device-width, initial-scale=1. 0">
        <title>结构伪类的使用</title>
        <style type="text/css">
        li:first-child{background-color: cadetblue;}
        li:last-child{background-color: cornflowerblue;}
        li:nth-child（2）{color: darkmagenta;}
        li:nth-child（3）{color: darkturquoise;}
```

```
li:nth-last-child（2）{color: forestgreen;}
    </style>
</head>
<body>
    <ul>
        <li>送君千里终须一别</li>
        <li>旅行的意义</li>
        <li>精神永存</li>
        <li>诗词大赛</li>
        <li>我们，只会在路上相遇</li>
    </ul>
</body>
</html>
```

在浏览器中预览，其显示效果如图 3-15 所示。

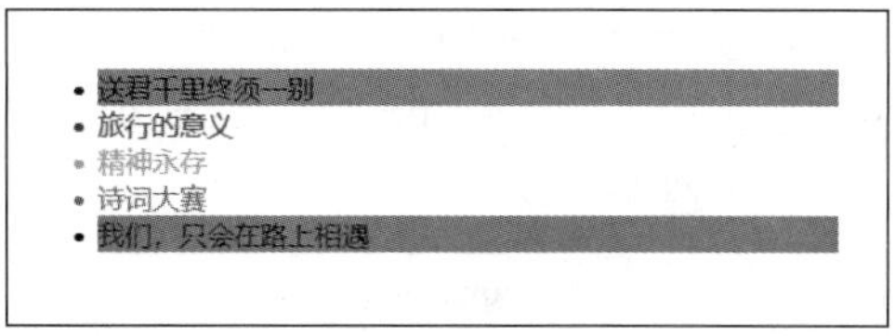

图 3-15　使用结构伪类选择器

项目实施

步骤 1：首先建立简单的页面框架，将文章中的文字显示在页面中，效果如图 3-16 所示。

微课

```
<!DOCTYPE html>
<html lang="en">
<head>
    <meta charset="UTF-8">
    <meta name="viewport" content="width=device-width, initial-scale=1. 0">
    <title>选择器的使用</title>

</head>
<body>
    <h4>离离原上草，一岁一枯荣。</h4>
    <h5>野火烧不尽，春风吹又生。</h5>
    <p>远芳侵古道，晴翠接荒城。</p>
    <p>又送王孙去，萋萋满别情。</p>
    <ul>
    <li>这首诗的全名是</li>
    <li>《草》</li>
    <li>《赋得古原草送别》</li>
    <li>《春草》</li>
```

图 3-16　显示文章内容

```
</ul>
    <h1> 此文在百度可搜索到 </h1>
</body>
</html>
```

步骤 2：使用全局声明控制网页中字体的大小、颜色，效果如图 3-17 所示。

```
<style type="text/css">
    *{font-size: 20px;/* 全局声明设置字体的大小 */
        color: darkblue;/* 全局声明设置字体的颜色 */}
</style>
```

步骤 3：使用群组选择器控制前两段的字体颜色，效果如图 3-18 所示。

```
<style type="text/css">
            h4, h5{color: cornflowerblue;}
</style>
```

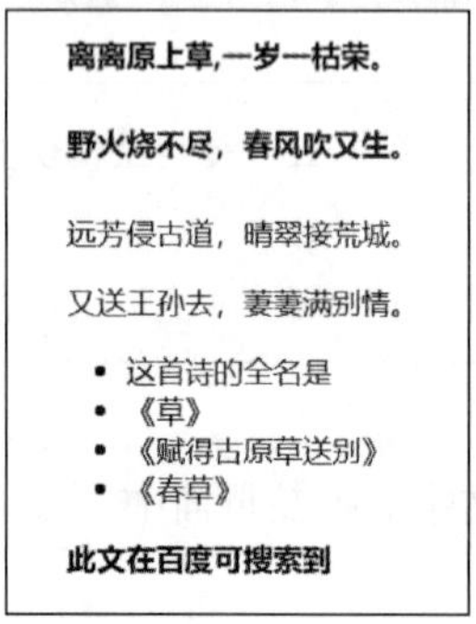

图 3-17　全局声明控制页面中所有元素的字体大小、颜色 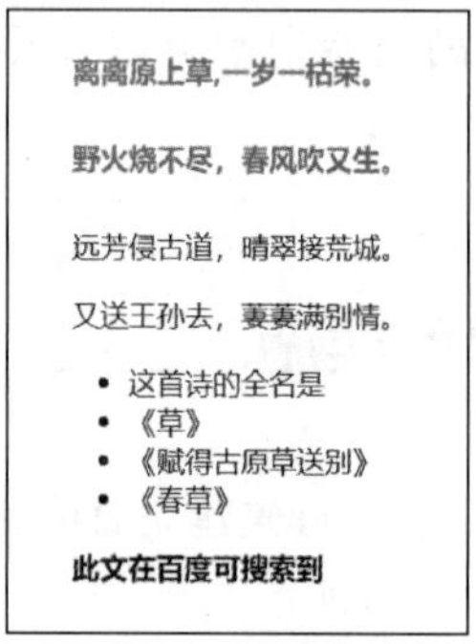　　　图 3-18　群组选择器控制前两段样式

步骤 4：使用类别选择器控制第三行为黑色、加粗，效果如图 3-19 所示。

```
<style type="text/css">
            .lie{color: black; font-weight: bold;/* 加粗效果 */}
    </style>
```

步骤 5：使用 ID 选择器控制最后一行文字颜色为蓝色，效果如图 3-20 所示。

```
<style type="text/css">
            #dbt{color: blue;}/* ID 选择器的使用 */
</style>
```

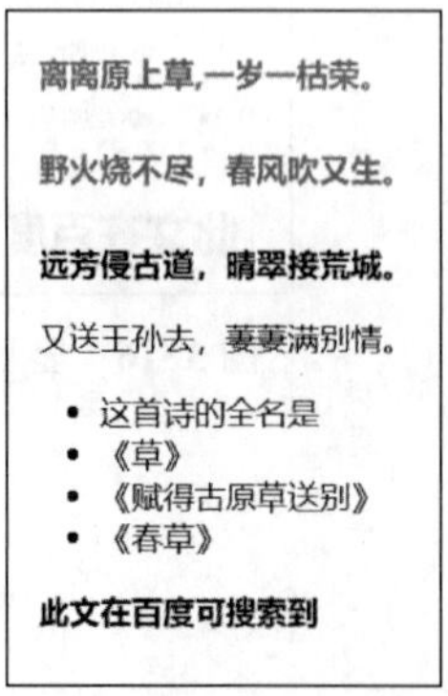

图 3-19　类别选择器控制第三行样式 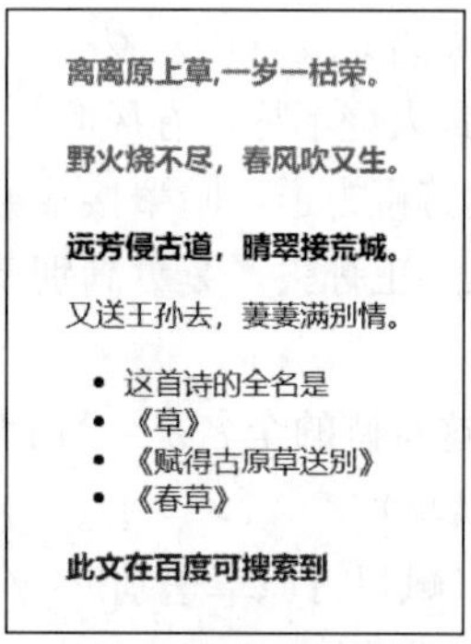　　　　　图 3-20　ID 选择器控制最后一行样式

步骤 6：使用子选择器将第四行的"萋萋"二字突显出来，效果如图 3-21 所示。

```css
<style type="text/css">
        p span{font-size:30px; color:cornflowerblue; font-weight: bold;}
</style>
```

步骤 7：使用相邻选择器将三首诗的名称变为灰色，效果如图 3-22 所示。

```css
<style type="text/css">
        li+li{ color: dimgray;}
</style>
```

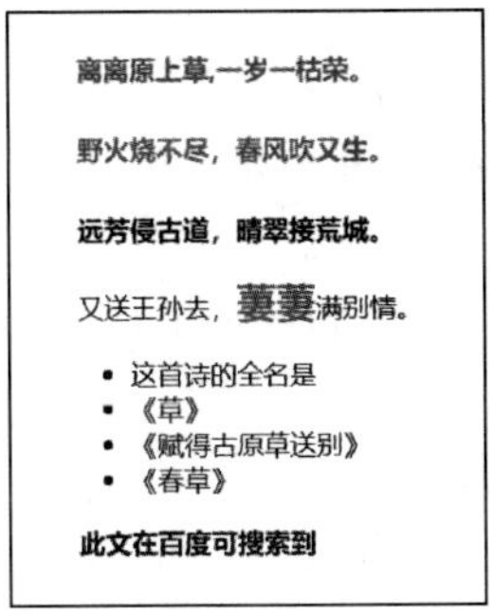

图 3-21　子选择器控制"萋萋"二字样式 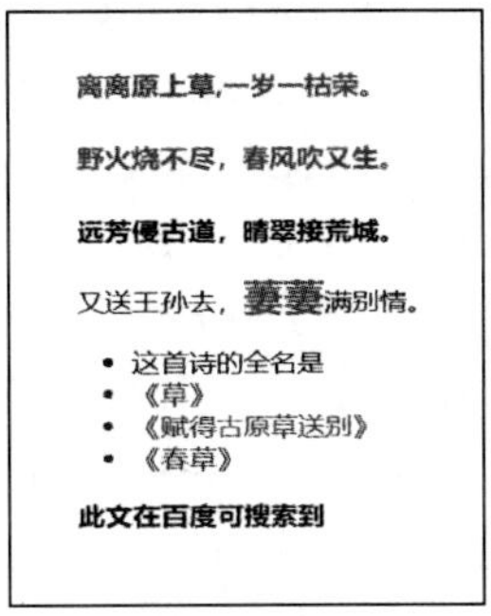　　　图 3-22　使用相邻选择器将三首诗的名称变为灰色

步骤 8：使用结构伪类选择正确的诗名，颜色为黑色，蓝色底纹，效果如图 3-23 所示。

```css
<style type="text/css">
        li:nth-child (3) {background-color: dodgerblue; color: black;}
</style>
```

步骤 9：使用动态结构伪类控制"百度"的链接效果，如图 3-24 所示。

```css
<style type="text/css">
        a{color: black;}
        a:link{color: black;}/* 链接没有被访问过的样式 */
        a:visited{color: blue;}/* 链接被访问过后的样式 */
        a:hover{color: cornflowerblue;}/* 链接被访问过后的样式 */a:active{color: darkblue;}/* 按下鼠标左键时发生的样式 */
</style>
```

步骤 10：完整的代码。最终效果如图 3-25 所示。

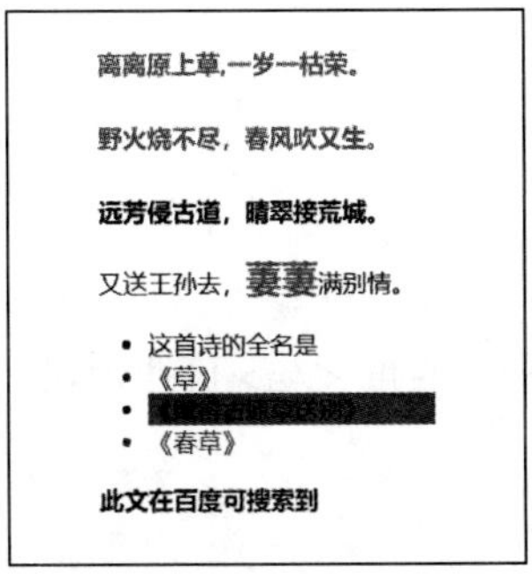

图 3-23　使用结构伪类 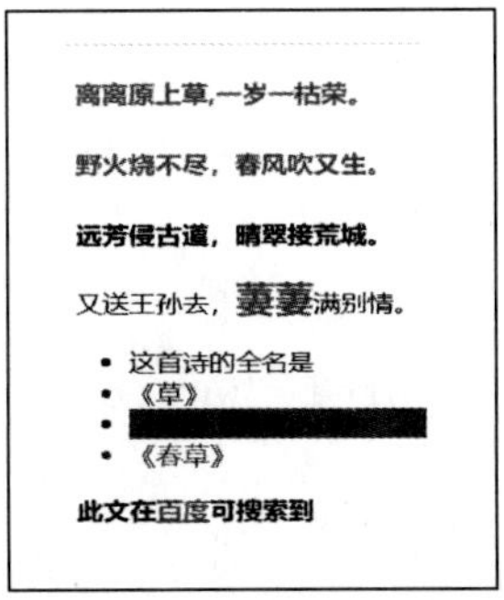　　　　图 3-24　使用动态伪类 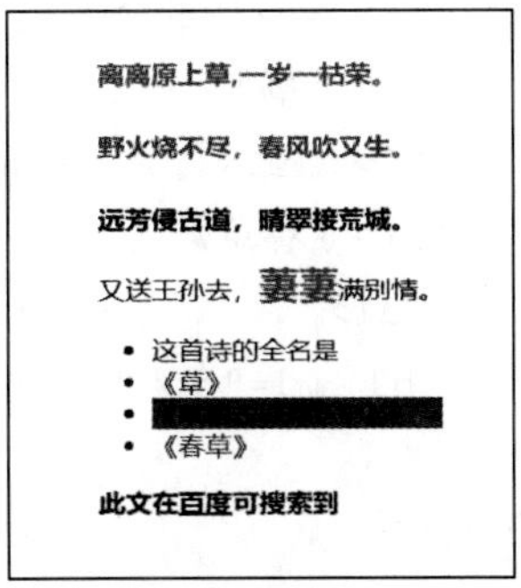　　　　图 3-25　最终效果

```
<!DOCTYPE html>
<html lang="en">
<head>
    <meta charset="UTF-8">
    <meta name="viewport" content="width=device-width, initial-scale=1
. 0">
    <title>选择器的使用 </title>
    <style type="text/css">
    *{font-size: 20px;/* 全局声明设置字体的大小 */
      color: darkblue;/* 全局声明设置字体的颜色 */}
      h4, h5{color: cornflowerblue;}/* 群组选择器的使用 */
      .lie{color: black; font-weight: bold;/* 加粗效果 */}
      #dbt{color: blue;}/*id 选择器的使用 */
       p>span{font-size:30px; color:cornflowerblue; font-
weight: bold;}/* 子选择器使用 */
       li+li{ color: dimgray;}/* 相邻选择器的使用 */
       li:nth-child（3）{background-color: dodgerblue; color:
black;}/* 结构伪类使用 */
      a{color: black;}/* 动态伪类的使用 */
      a:link{color: black;}/* 链接没有被访问过的样式 */
      a:visited{color: blue;}/* 链接被访问过后的样式 */
      a:hover{color: cornflowerblue;}/* 链接被访问过后的样式 */
      a:active{color: darkblue;}/* 按下鼠标左键时发生的样式 */
       </style>
```

```
</head>
<body>
    <h4>离离原上草，一岁一枯荣。</h4>
    <h5>野火烧不尽，春风吹又生。</h5>
    <p class="lie">远芳侵古道，晴翠接荒城。</p>
    <p>又送王孙去，<span>萋萋 </span>满别情。</p>
    <ul>
    <li>这首诗的全名是 </li>
    <li>《草》</li>
    <li>《赋得古原草送别》</li>
    <li>《春草》</li>
    </ul>
    <h1 id="dbt">此文在 <a href="www.baidu.com">百度 </a>可搜索到 </
h1>
</body>
</html>
```

本项目主要学习了 CSS 样式的 9 种选择器，在学习过程中，理解这些选择器的作用，结合实际，使用不同的选择器控制网页标签。

本项目的主要知识点如下。

（1）标签选择器（如 body、div、p、ul、li）。

（2）类别选择器（如 class="head"、class="head_logo"）。

（3）ID 选择器（如 id="name"、id="name_txt"）。

（4）通配符选择器 （如 * 号）。

（5）相邻选择器（如 h1+p）。

（6）子选择器（如 ul < li）。

（7）后代选择器（如 div p，注意两个选择器用空格分开）。

（8）群组选择器（如 p，td，li{ line-height：20px；color：#c00；}）。

（9）伪类选择器（如 a：hover、li：nth-child）。

项目拓展

拓展 1：启动 Visual Studio Code 编辑器，完成如图 3-26 所示的效果，要求创建两个类别选择器，第一个选择器主要控制字体的颜色，第二个选择器控制字体的大小，第一行和最后一行文字不做任何控制，第二行文字控制字体颜色，第三行文字控制字体大小，第四行文字对字体颜色、大小同时控制，文件名保存为 3-11.html。

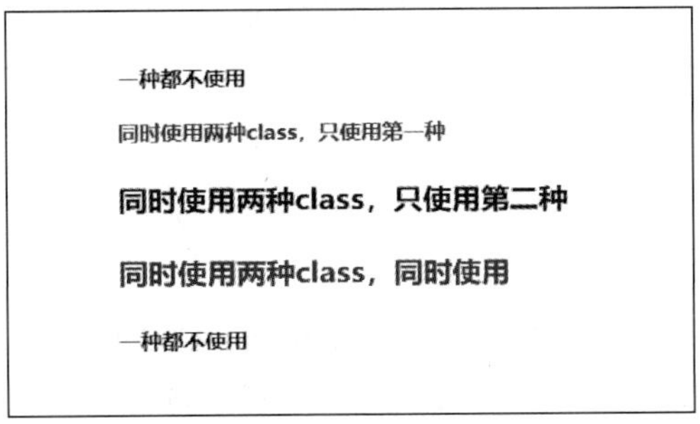

> 一种都不使用
>
> 同时使用两种class，只使用第一种
>
> **同时使用两种class，只使用第二种**
>
> **同时使用两种class，同时使用**
>
> 一种都不使用

图 3-26　类别选择器的使用

拓展 2：启动 Visual Studio Code 编辑器，使用相邻选择器完成如图 3-27 所示的效果，文件名保存为 3-12.html。

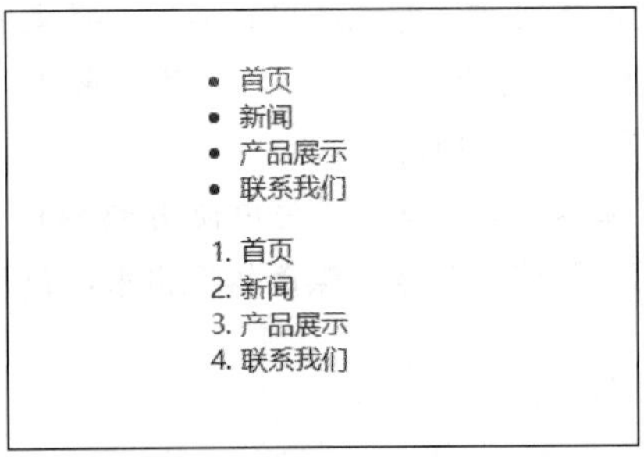

> - 首页
> - 新闻
> - 产品展示
> - 联系我们
>
> 1. 首页
> 2. 新闻
> 3. 产品展示
> 4. 联系我们

图 3-27　相邻选择器的使用

项目 4 使用 CSS 美化网页字体

 项目目标

知识目标

1. 掌握字体的类型、大小、颜色属性。

2. 了解字体粗细、下划线、斜体样式。

3. 掌握 <span> 标签的使用。

技能目标

1. 能熟练使用字体样式属性设置字体的类型、大小、颜色。

2. 能按要求使用字体粗细、下划线、斜体样式。

3. 能用 <span> 标签使用指定的样式。

 项目描述

前面的几个项目主要学习了 HTML5 的基本结构、CSS 样式引入的方法、使用 CSS 选择器控制 HTML 页面中的各个标签。本项目主要介绍如何使用 CSS 对网页字体进行美化。

项目分析

1. 关于《立春》的说明，有文字，首先使用 p 标签，将文字分段显示出来。

2. 标题"立春"为黑体、字体大小为 40px，字体颜色为深蓝，标题居中，使用字体类型、字体大小、字体颜色等基本属性设置。

3. 段落中要突出显示"立春"二字及引用语句使用 <span> 标签指定的样式。

4. 段落中引用的句子用下划线、斜体、黑色体现出来，使用字体颜色、下划线、斜体等基本属性设置。

项目完成的效果如图 4-1 所示。

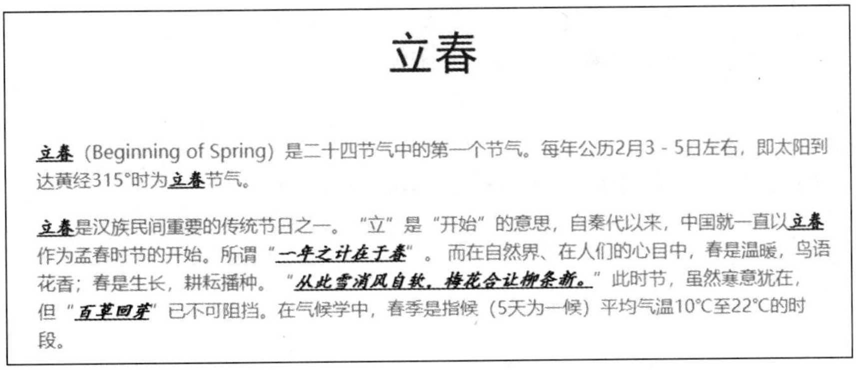

立春

立春 (Beginning of Spring) 是二十四节气中的第一个节气。每年公历2月3 - 5日左右，即太阳到达黄经315°时为立春节气。

立春是汉族民间重要的传统节日之一。"立"是"开始"的意思，自秦代以来，中国就一直以立春作为孟春时节的开始。所谓"一年之计在于春"。而在自然界、在人们的心目中，春是温暖，鸟语花香；春是生长，耕耘播种。"从此雪消风自软，梅花合让柳条新。"此时节，虽然寒意犹在，但"百草回芽"已不可阻挡。在气候学中，春季是指候（5天为一候）平均气温10℃至22℃的时段。

图 4-1   项目完成的效果

■ 知识引入

CSS 所支持的字体样式主要包含字体类型、大小、颜色等基本属性，另外，包括一些特殊的样式，如字体粗细、下划线、斜体样式等。在了解这些属性之前，先来看一下 CSS 所支持的字体属性。

子任务 1　定义字体的类型

CSS3 使用 font-family 属性来定义字体类型，font-family 是字体类型专用属性，用法如下。

> font-family: 字体 1，字体 2，字体 3，字体 4，……

说明：font-family 可以指定多种字体，多个字体将按优先顺序排列，以逗号隔开，若字体名称包含空格，则应使用引号引起来。例如："Time New Roman"。

【例 4-1】启动 Visual Studio Code 编辑器，输入以下代码，文件名保存为 4-1.html。

```
<!DOCTYPE html>
<html lang="en">
<head>
    <meta charset="UTF-8">
    <meta name="viewport" content="width=device-width, initial-scale=1. 0">
    <title>设置文字的字体</title>
</head>
<style type="text/css">
    h2{
        font-family:幼圆，黑体；
        }
```

微课

```
   p{
       font-family:黑体,Arial, 宋体;
   }
   p.kaiti{
       font-family:楷体, "Times New Roman";
   }
</style>
   </head>
   <body>
       <h2>立秋节</h2>
       <p>立秋，表示秋天来临，草木开始结果孕子，收获季节到了。因此，在立秋
民间有祭祀土地神，庆祝丰收的习俗。 在南方有"立秋啃秋瓜"的习俗，在入秋的这一天
多吃西瓜，以防秋燥，久之形成习俗。</p>
       <p class="kaiti">民国时期出版的《首都志》记载："立秋前一日，食西瓜，
谓之啃秋。"也有迎接秋天到来之意。</p>
   </body>
</html>
```

在浏览器中预览，其显示效果如图 4-2 所示。

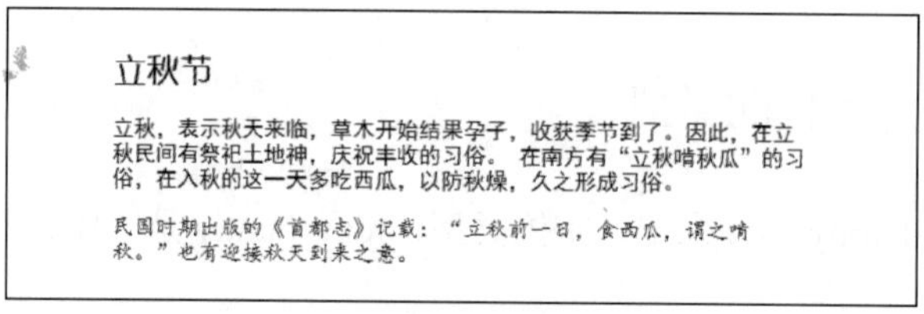

立秋节

立秋，表示秋天来临，草木开始结果孕子，收获季节到了。因此，在立秋民间有祭祀土地神，庆祝丰收的习俗。 在南方有"立秋啃秋瓜"的习俗，在入秋的这一天多吃西瓜，以防秋燥，久之形成习俗。

民国时期出版的《首都志》记载："立秋前一日，食西瓜，谓之啃秋。"也有迎接秋天到来之意。

图 4-2　设置文字的字体效果

说明：在 CSS3 中字体是通过 font-family 属性控制的，下面是该属性的典型语句。

```
p{font-family:Arial, Helvetica, sans-serif;}
```

例 4-1 声明了 HTML 页面中 <p> 标签的字体名称，并且同时声明了 3 个字体名称，分别是黑体、Arial 和宋体。整句代码告诉浏览器首先在浏览者的计算机中寻找"黑体"，如果该用户计算机中没有"黑体"，则接着寻找"Arial"字体，如果黑体与 Arial 都没有，再寻找"宋体"。如果 font-family 中所有字体都没有，那么使用浏览器默认字体显示。

子任务 2　定义字体的大小

在 CSS3 样式中，使用 font-size 属性定义文本的大小，格式如下。

```
font-size:像素值 / 关键字;
```

说明：font-size 属性值可以使用两种方式，一种是使用像素为单位的数值；另一种是使用关键字，如表 4-1 所示。

微课

表 4-1　font-size 的关键字

属性	描述	可用值	注释
font-size	用于设置文字尺寸	用数值（如 20px）	单位：px、pt
		small	绝对字体尺寸。根据对象字体进行调整，小
		Inherit	规定应该从父元素那里继承字体
		xx-small	绝对字体尺寸。根据对象字体进行调整，最小
		x-small	绝对字体尺寸。根据对象字体进行调整，较小
		medium	默认值。绝对字体尺寸。根据对象字体进行调整，正常
		large	绝对字体尺寸。根据对象字体进行调整，大
		x-large	绝对字体尺寸。根据对象字体进行调整，较大
		xx-large	绝对字体尺寸。根据对象字体进行调整，最大
		smaller	相对字体尺寸。相对于父对象中字体尺寸进行相对减小，使用成比例的 em 单位计算
		larger	相对字体尺寸。相对于父对象中字体尺寸进行相对增大，使用成比例的 em 单位计算
		length%	长度表示法

【例 4-2】启动 Visual Studio Code 编辑器，输入以下代码，文件名保存为 4-2.html。

```
<!DOCTYPE html>
<html lang="en">
<head>
    <meta charset="UTF-8">
    <meta name="viewport" content="width=device-width, initial-scale=1. 0">
    <title>设置字体大小</title>
    <style type="text/css">
p { font-size: xx-large }/* 设定段落文字大小为非常大 */
h1 { font-size: 250% }/* 设定一级标题的文字大小为 2. 5 倍大小 */
span { font-size: 16px; }/* 设定 span 里的文字大小为 16px */
.small {
    font-size: xx-small;
}
.larger {
    font-size: larger;
    }
.point {
    font-size: 24pt;
}
.percent {
```

```
        font-size: 200%;
    }


    </style>
</head>
<body>
<p>设置字体的大小</p>
<h1><span>在</span>一级标题的文字大小为2.5倍大小</h1>
<h1 class="small">Small H1</h1>
<h1 class="larger">Larger H1</h1>
<h1 class="point">24 point H1</h1>
<h1 class="percent">200% H1</h1>
</body>
</html>
```

在浏览器中预览，其显示效果如图 4-3 所示。

说明：例 4-2 一共设置了 5 种字体的大小，其中 font-size: 16px; font-size: 24pt; 使用的是数值单位，在任何分辨率的显示器下，显示出来的都是绝对大小，不会发生改变。而 font-size: xx-large; font-size: xx-small; font-size: larger; 使用的是关键字

在不同的浏览器中显示的效果是不一样的，因此不推荐使用。font-size: 250%, font-size: 200%; 使用的相对文字大小，随显示器和父标记的改变而设置比较灵活，因此一直受到很多网页制作者的青睐。

用 em 值设定字体大小。em 值的大小是动态的。当定义或继承 font-size 属性时，1em 等于该元素的字体大小。如果在网页中任何地方都没有设置文字大小，那么它将等于浏览器默认文字大小，通常是 16px。所以通常 1em = 16px。2em = 32px。如果 body 元素的字体大小为 20px，那么 1em = 20px，2em = 40px。em 前面的 2 就是当前 em 大小的倍数。

可用以下公式计算像素大小的等价 em 大小。

$$em = 希望得到的像素大小 / 父元素字体像素大小$$

例如，假设 body 的文字大小设置为 1em，且浏览器默认 1em = 16px。如果想得到 12px，那么就可设定 0.75em（because 12/16 = 0.75）。同样地，如果想设定文字大小为 10px，那么就定义 0.625em（10/16 = 0.625）；如果想得到 22px，就定义 1.375em（22/16=1.375）。

一个流行的技巧是设置 body 元素的字体大小为 62.5%（默认大小 16px 的 62.5%），等于 10px。现在可以通过计算基准大小 10px 的倍数，在任何元素上方便地使用 em 单位，这样有 6px = 0.6em（6px/10px），8px = 0.8em，12px = 1.2em，14px = 1.4em，16px = 1.6em。

例如：

```
body {font-size: 62.5%; /* font-size 1em = 10px */}
p {font-size: 1.6em; /* 1.6em = 16px */}
```

图 4-3 所示的框内内容：

设置字体的大小

在一级标题的文字大小为2.5倍大小

Small H1

Larger H1

24 point H1

200% H1

图 4-3　设置字体大小效果

微课

em 可以自动适应用户的字体，是一个非常有用的 CSS 单位。

【例 4-3】启动 Visual Studio Code 编辑器，输入以下代码，文件名保存为 4-3.html，加深对 em 值的理解。

```html
<!DOCTYPE html>
<html lang="en">
<head>
    <meta charset="UTF-8">
    <meta name="viewport" content="width=device-width, initial-scale=1. 0">
    <title>em 使用 </title>
    <style>
        body{font-size: 62. 5%;}/*font-size 1em=10px（16px*62. 5%）*/
        .one{font-size:1em;}/*1em=10px*/
        .two{font-size:2em;}/*2em=20px*/
        .three{font-size:1. 6em;}/*1. 6em=16px*/
        .four{font-size: 2. 4em;}/*2. 4em=24px*/
    </style>
</head>
<body>
    <p class="one">10px</p>
    <p class="two">20px</p>
    <p class="three">16px</p>
    <p class="four">24px</p>
</body>
</html>
```

图 4-4　使用 em 设置字体大小效果

在浏览器中预览，其显示效果如图 4-4 所示。

子任务 3　定义字体的颜色

微课

在 CSS3 样式中，使用 color 属性定义文本的颜色，color 颜色属性的格式如下。

color: 属性值 ;

color 属性值如表 4-2 所示。

表 4-2　color 属性值

值	描述
color_name	规定颜色值为颜色名称的颜色（如 red）
hex_number	规定颜色值为十六进制值的颜色（如 #ff0000）
rgb_number	规定颜色值为 rgb 代码的颜色（如 rgb（255，0，0））
inherit	规定应该从父元素继承颜色

【例 4-4】启动 Visual Studio Code 编辑器，输入以下代码，文件名保存为 4-4.html，掌握 color 属性的使用。

```
<!DOCTYPE html>
<html lang="en">
<head>
    <meta charset="UTF-8">
     <meta name="viewport" content="width=device-width, initial-scale=1. 0">
    <title>文字颜色</title>
<style type="">
h2{ color:rgb（0%，0%，60%）; /* 设置字体颜色 */
}
p{
    color:#333333; /* 设置字体颜色 */
    font-size:13px;
}
p span{color:blue; /* 设置字体颜色 */
font-weight:bold;}/* 字体加粗 */

</style>
    </head>
<body>
    <h2>中秋节</h2>
    <p><span>中秋节</span>起源于上古时代，普及于汉代，定型于唐朝初年，盛行于宋朝以后。<span>中秋节</span>是秋季时令习俗的综合，其所包含的节俗因素，大都有着古老的渊源。</p>
    <p><span>中秋节</span>以月之圆兆人之团圆，为寄托思念故乡，思念亲人之情，祈盼丰收、幸福，成为丰富多彩、弥足珍贵的文化遗产。</p>
</body>
</html>
```

在浏览器中预览，其显示效果如图 4-5 所示。

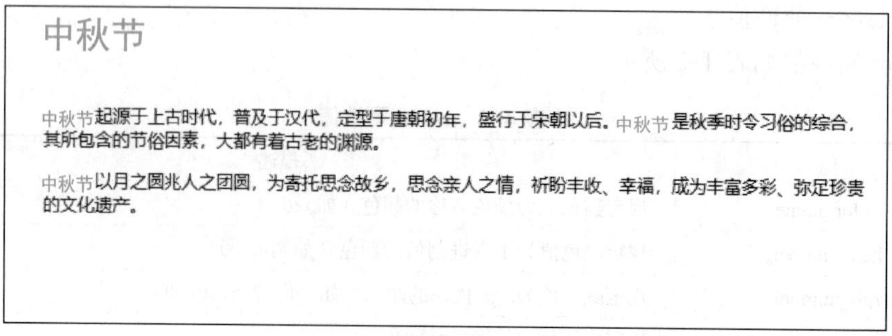

图 4-5　设置字体颜色效果

说明：例 4-4 首先设置了标题颜色为深蓝色，<p> 标签的颜色为灰黑色，然后设置了 <p> 标签下的 <span> 标签为蓝色，从而将正文中所有的中秋节全部突出显示。

子任务 4　定义字体的下划线

在 CSS3 样式中，使用 text-decoration 属性规定添加到文本的修饰，该属性的用法如下。

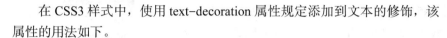

text-decoration 属性值如表 4-3 所示。

表 4-3　text-decoration 属性值

值	描述
none	默认。定义标准的文本
underline	定义文本下的一条线
overline	定义文本上的一条线
line-through	定义穿过文本的一条线
blink	定义闪烁的文本
inherit	规定应该从父元素继承 text-decoration 属性的值

【例 4-5】启动 Visual Studio Code 编辑器，输入以下代码，文件名保存为 4-5.html，掌握 text-decoration 属性的使用。

```
<!DOCTYPE html>
<html lang="en">
<head>
    <meta charset="UTF-8">
     <meta name="viewport" content="width=device-width, initial-scale=1. 0">
    <title> 文字下划线、顶划线、删除线 </title>
    <style>
    p.one{ text-decoration:underline; }        /* 下划线 */
    p.two{ text-decoration:overline; }         /* 顶划线 */
    p.three{ text-decoration:line-through; }   /* 删除线 */
    p.four{ text-decoration:blink; }           /* 闪烁 */
    </style>
        </head>

<body>
        <p class="one"> 下划线文字，下划线文字 </p>
        <p class="two"> 顶划线文字，顶划线文字 </p>
        <p class="three"> 删除线文字，删除线文字 </p>
```

```
    <p class="four"> 文字闪烁 </p>
    <p> 正常文字对比 </p>
</body>
</html>
```

在浏览器中预览，其显示效果如图 4-6 所示。

说明：例 4-5 通过设置 text-decoration 的属性值为 underline、overline、line-through，分别实现了下划线、顶划线和删除线的效果。另外，可以注意到特殊的 blink 值，它使得文字不断地闪烁，但很多浏览器不支持。

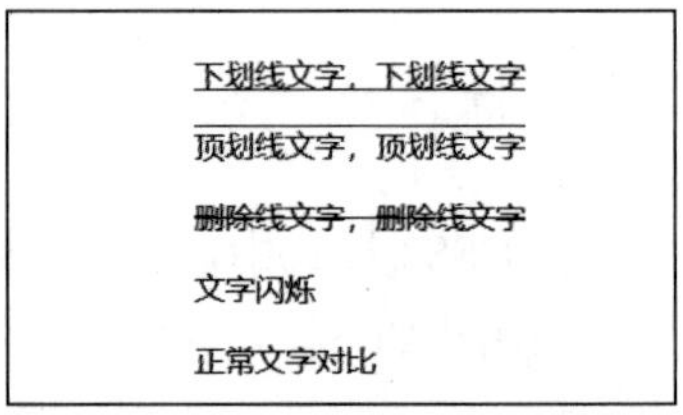

图 4-6　添加文本修饰效果

子任务 5　定义斜体字体

微课

在 CSS3 样式中，使用 font-style 属性来定义字体倾斜效果，该属性的用法如下。

```
font-style: 属性值；
```

font-style 属性值如表 4-4 所示。

表 4-4　font-style 属性值

值	描述
normal	默认。定义标准的字体样式
italic	浏览器会显示一个斜体的字体样式
oblique	浏览器会显示一个倾斜的字体样式
inherit	规定应该从父元素继承 font-style 属性的值

【例 4-6】启动 Visual Studio Code 编辑器，输入以下代码，文件名保存为 4-6.html，掌握 font-style 属性的使用。

```html
<!DOCTYPE html>
<html lang="en">
<head>
    <meta charset="UTF-8">
    <meta name="viewport" content="width=device-width, initial-scale=1. 0">
    <title> 字体倾斜 </title>
    <style>
    .one{font-style: normal;}/* 标准字体的设置 */
    .two{font-style: italic;}/* 斜体的设置 */
    .three{font-style: oblique;}/* 倾斜字体的设置 */
    </style>
</head>
```

```
<body>
    <P class="one"> 这是正常的字体。</p>
    <P class="two"> 这字体是斜体。</p>
    <p class="three"> 这字体是倾斜。</p>
    <p><span class="two"> 斜体 </span> 的、<span class="three"> 倾斜 </
span> 的字体还是有区别的。</p>
</body>
</html>
```

在浏览器中预览，其显示效果如图 4-7 所示。

说明：例 4-6 设置了文字的斜体、倾斜的效果，最
后一段加入了 <span> 标签，调用了 .two、.three 类别选
择器来对比这两种字体。

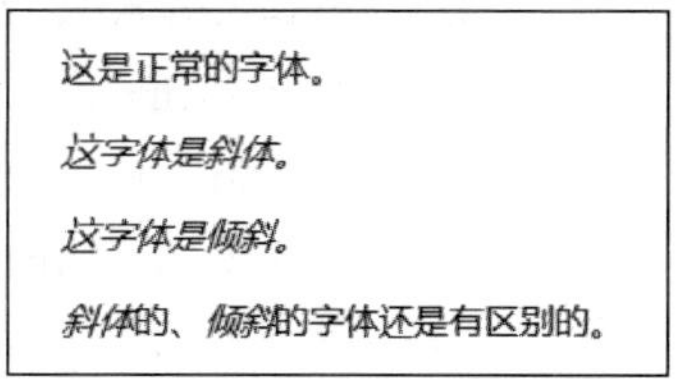

图 4-7　设置字体倾斜效果

子任务 6　定义文字的加粗

在 CSS3 样式中，使用 font-weight 属性来定义字体粗细效果，该属性
用法如下：

```
font-weight: 属性值；
```

font-weight 属性值如表 4-5 所示。

表 4-5　font-weight 属性值

值	描述
normal	默认值。定义标准的字体
bold	定义粗体字体
bolder	定义更粗的字符
lighter	定义更细的字符
200 300 400 500 600 700 800 900	定义由粗到细的字符。400 等同于 normal，而 700 等同于 bold。值越大就表示越粗，相反就表示越细
inherit	规定应该从父元素继承字体的粗细

【例 4-7】启动 Visual Studio Code 编辑器，输入以下代码，文件名保存为 4-7.html，
掌握 font-weight 属性的使用。

```
<!DOCTYPE html>
<html lang="en">
<head>
    <meta charset="UTF-8">
```

```
        <meta name="viewport" content="width=device-width, initial-scale=1. 0">
        <title>字体加粗</title>
        <style>
            .one{font-weight: bolder;}/* 定义更粗的字体 */
            .two{font-weight: lighter;} /* 定义更细的字体 */
            .three{font-weight: bold;} /* 定义粗的字体 */
            .four{font-weight: 200;}/* 用数字定义字体的粗细 */
            .five{font-weight: 400;}
            .six{font-weight: 900;}
        </style>
</head>
<body>
    <p class="one">咏柳 </P>
    <p class="two">作者：贺知章 </p>
    <P class="three">碧玉妆成一树高，</P>
    <p class="four">万条垂下绿丝绦。</p>
    <p class="five">不知细叶谁裁出，</p>
    <p class="six">二月春风似剪刀。 </p>
</body>
</html>
```

在浏览器中预览，其显示效果如图 4-8 所示。

说明：例 4-7 通过使用 font-weight 来设置文字的粗细，例子中涵盖了大部分字体粗细值，其余的值也可以试试。

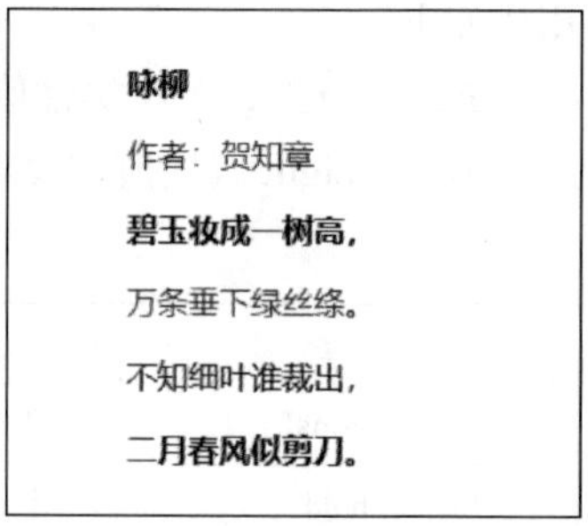

图 4-8　设置字体加粗效果图

子任务 7　了解 span 标签的作用

span 标签有一个重要而实用的特性，即它什么事也不会做，它唯一的目的就是围绕 HTML 代码中的其他元素，这样你就可以为它们指定样式了，span 前后不会换行，在网页中的表现是一个矩形区域。而 span 元素的默认 display 属性值为"inline"，称为"行内"元素。

■ 项目实施

步骤 1：首先建立简单的页面框架，将文章中的文字显示在页面中，效果如图 4-9 所示。

```
<!DOCTYPE html>
<html lang="en">
<head>
```

微课

```
<meta charset="UTF-8">
    <meta name="viewport" content="width=device-width, initial-
scale=1. 0">
    <title>二十四节气</title>
</head>
<body>
    <p>立春</p>
    <P><span>立春</span>（Beginning of Spring）是二十四节气中的第一个
节气。每年公历2月3－5日左右，即太阳到达黄经315°时为<span>立春</span>
节气。</p>
    <p><span>立春</span>是汉族民间重要的传统节日之一。"立"是"开始"的意思，
自秦代以来，中国就一直以<span>立春</span>作为孟春时节的开始。所谓"<span>
一年之计在于春</span>"。  而在自然界、在人们的心目中，春是温暖，鸟语花香；春
是生长，耕耘播种。"<span>从此雪消风自软，梅花合让柳条新。</span>"此时节，
虽然寒意犹在，但"<span>百草回芽</span>"已不可阻挡。在气候学中，春季是指候（5
天为一候）平均气温10℃至22℃的时段。</P>
</body>
</html>
```

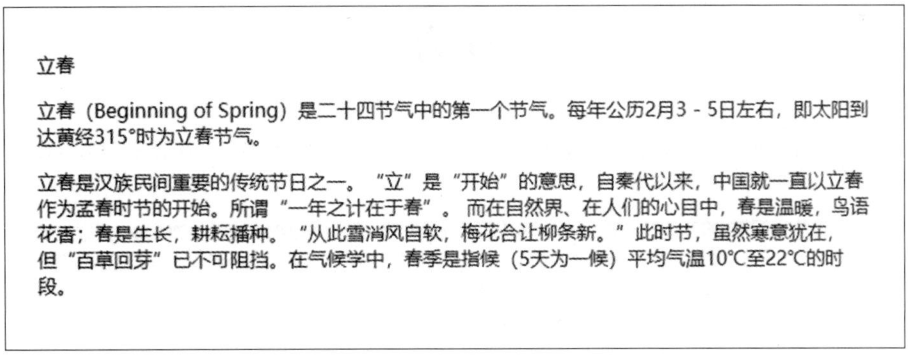

立春

立春（Beginning of Spring）是二十四节气中的第一个节气。每年公历2月3－5日左右，即太阳到达黄经315°时为立春节气。

立春是汉族民间重要的传统节日之一。"立"是"开始"的意思，自秦代以来，中国就一直以立春作为孟春时节的开始。所谓"一年之计在于春"。 而在自然界、在人们的心目中，春是温暖，鸟语花香；春是生长，耕耘播种。"从此雪消风自软，梅花合让柳条新。"此时节，虽然寒意犹在，但"百草回芽"已不可阻挡。在气候学中，春季是指候（5天为一候）平均气温10℃至22℃的时段。

图 4-9　《立春》文章的输入

步骤 2：对"立春"标题进行字体类型、字体大小、字体颜色、文字居中的设置，效果如图 4-10 所示。

```
<style>
.biaoti{font-family:黑体 ; /* 设置字体类型 */
        font-size: 40px; /* 设置字体大小 */
        text-align: center; /* 设置文字居中 */
        color: mediumblue;/* 设置字体的颜色 */
    }
</style>
```

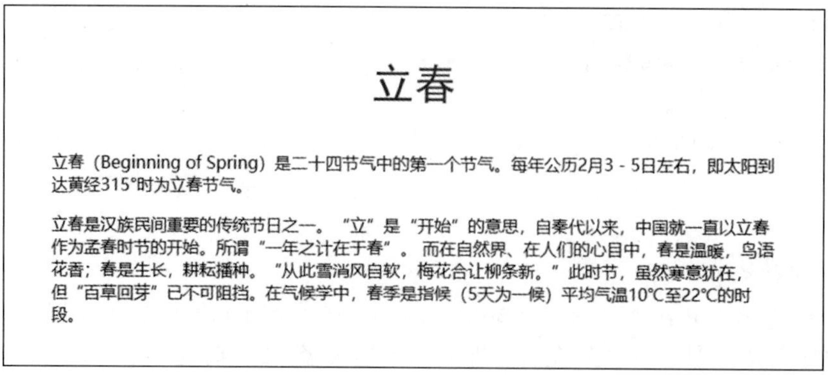

图 4-10　"立春"标题的设置

步骤 3： 对 <p> 标签整体加入字体颜色、字体大小、行高的设置，效果如图 4-11 所示。

```
<style>
    p{ color: cornflowerblue;
  font-size:16px;
     line-height: 1. 5em;}
</style>
```

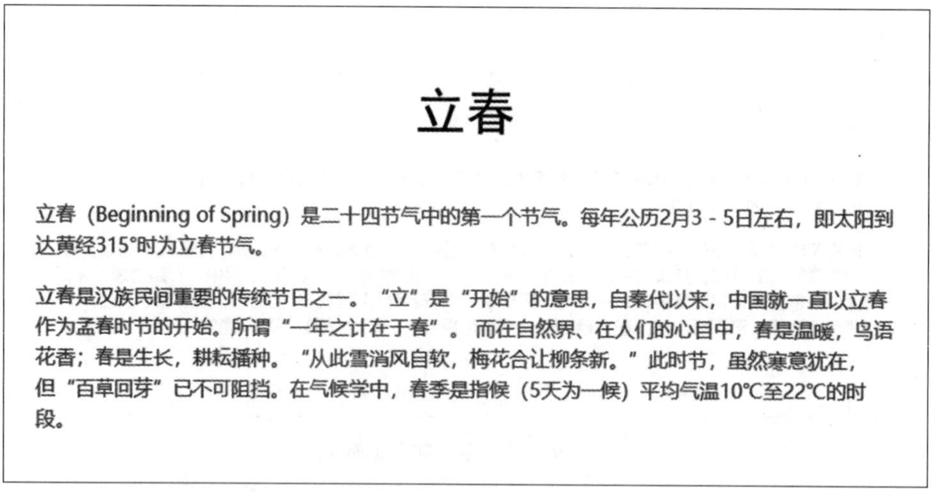

图 4-11　段落设置

步骤 4： 对 <span> 标签进行设置，定义字体的类型、字体的颜色、字体加粗、下划线，效果如图 4-12 所示。

```
<style>
    p span{font-family: 楷体；
        color: mediumblue;/* 设置字体的颜色 */
    font-weight:800; /* 设置字体加粗 */
        text-decoration: underline;/* 设置文字的下划线 */
</style>
```

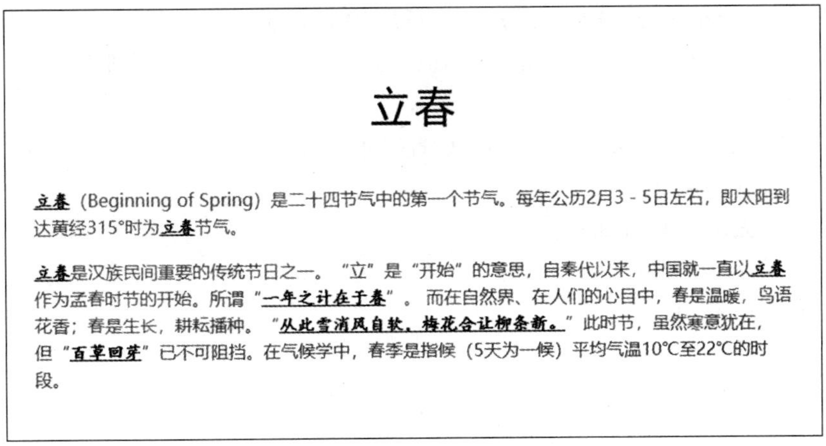

立春

立春 (Beginning of Spring) 是二十四节气中的第一个节气。每年公历2月3 - 5日左右，即太阳到达黄经315°时为**立春**节气。

立春是汉族民间重要的传统节日之一。"立"是"开始"的意思，自秦代以来，中国就一直以**立春**作为孟春时节的开始。所谓*一年之计在于春*。而在自然界、在人们的心目中，春是温暖，鸟语花香；春是生长，耕耘播种。*从此雪消风自软，梅花合让柳条新。*此时节，虽然寒意犹在，但*百草回芽*已不可阻挡。在气候学中，春季是指候（5天为一候）平均气温10℃至22℃的时段。

图 4-12　span 标签的设置

步骤 5：新建一个名为 .xt 的类别选择器，对引用的语句添加字体颜色、设置为斜体，效果如图 4-13 所示。

```
<style>
        .xt{font-style:italic;/* 设置斜体 */
         font-weight:bold; /* 设置字体加粗 */
color:black;}
    </style>
```

步骤 6：完整的代码如下，文件名保存为 4-8.html，最终效果如图 4-13 所示。

```
<!DOCTYPE html>
<html lang="en">
<head>
    <meta charset="UTF-8">
     <meta name="viewport" content="width=device-width, initial-scale=1. 0">
    <title>二十四节气</title>
    <style>
     .biaoti{font-family:黑体 ; /* 设置字体类型 */
            font-size: 40px; /* 设置字体大小 */
            text-align: center; /* 设置文字居中 */
            color:forestgreen;/* 设置字体的颜色 */
            }
      p{color: cornflowerblue;
 font-size:16px;
        line-height:1. 5em; /* 设置行高 */
}
      p span{font-family:楷体 ;
            color: forestgreen;
```

```
            font-weight:800; /* 设置字体加粗 */
            text-decoration: underline;/* 设置文字的下划线 */
        }
    .xt{font-style:italic;/* 设置斜体 */
        font-weight: bold;
         color: black;
}

    </style>
</head>
<body>
    <p class="biaoti">立春 </p>
    <P><span> 立春 </span>（Beginning of Spring）是二十四节气中的第一个节
气。每年公历 2 月 3-5 日，即太阳到达黄经 315°时为 <span> 立春 </span> 节气。</
p>

    <p><span> 立春 </span> 是汉族民间重要的传统节日之一。"立"是"开始"的
意思，自秦代以来，中国就一直以 <span> 立春 </span> 作为孟春时节的开始。所谓
"<span class="xt"> 一年之计在于春 </span>"。
        而在自然界、在人们的心目中，春是温暖，鸟语花香；春是生长，耕耘播种。
"<span class="xt"> 从此雪消风自软，梅花合让柳条新。</span>"此时节，虽然寒
意犹在，
        但"<span class="xt"> 百草回芽 </span>"已不可阻挡。在气候学中，春
季是指候（5天为一候）平均气温10 ℃至22 ℃的时段。</P>
</body>
</html>
```

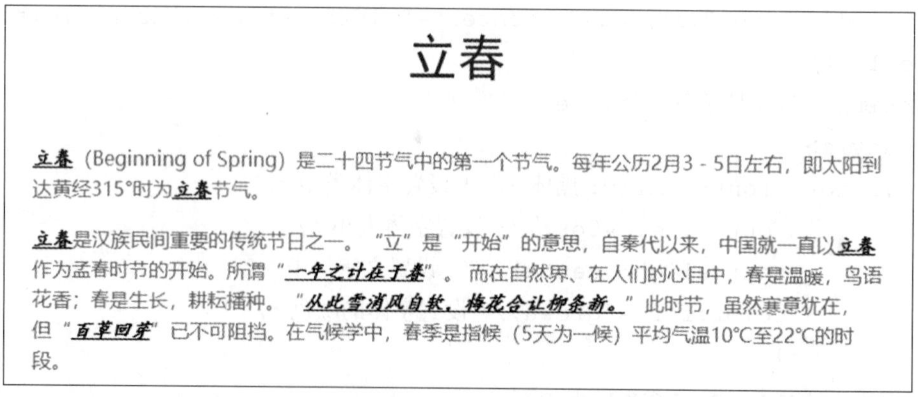

立春

立春 （Beginning of Spring) 是二十四节气中的第一个节气。每年公历2月3 - 5日左右，即太阳到
达黄经315°时为立春节气。

立春是汉族民间重要的传统节日之一。 "立"是 "开始"的意思，自秦代以来，中国就一直以立春
作为孟春时节的开始。所谓 "一年之计在于春"。而在自然界、在人们的心目中，春是温暖，鸟语
花香；春是生长，耕耘播种。 "从此雪消风自软，梅花合让柳条新。"此时节，虽然寒意犹在，
但 "百草回芽"已不可阻挡。在气候学中，春季是指候 （5天为一候）平均气温10℃至22℃的时
段。

图 4-13　最终效果

项 目 总 结

本项目主要学习了设置字体的颜色、大小、加粗、下划线、加粗等属性，使用 <span>
标签调用指定的字体的风格。在项目学习过程中，理解每个属性的作用及它们所显示出来

的效果。

本项目知识点总结如表 4-6 所示。

表 4-6　字体设置属性

属性	描述	可用值	注释
color	用于设置文字的颜色	颜色值为颜色名称、十六进制值的颜色、rgb 代码的颜色	颜色
font-family	用于设置文字名称，可以使用多个名称使用逗号分隔，浏览器按照先后顺序依次使用可用字体	字体名称	字体
font-size	用于设置文字尺寸	用数值（如 20px）	单位：px、pt
		Inherit	继承
		xx-small	绝对字体尺寸。根据对象字体进行调整，最小
		x-small	绝对字体尺寸。根据对象字体进行调整，较小
		small	绝对字体尺寸。根据对象字体进行调整，小
		medium	默认值。绝对字体尺寸，根据对象字体进行调整，正常
		large	绝对字体尺寸。根据对象字体进行调整，大
		x-large	绝对字体尺寸。根据对象字体进行调整，较大
		xx-large	绝对字体尺寸。根据对象字体进行调整，最大
		smaller	相对字体尺寸。相对于父对象中字体尺寸进行相对减小，使用成比例的 em 单位计算
		larger	相对字体尺寸。相对于父对象中字体尺寸进行相对增大，使用成比例的 em 单位计算
		length%	长度表示法
font-style	用于设置文字样式	normal	正常
		italic	斜体
		oblique	倾斜

属性	描述	可用值	注释
font-weight	用于设置文字的加粗样式	normal	正常，等同于 400
		bold	粗体，等同于 700
		bolder	更粗
		lighter	更细
		100 200 300 400 500 600 700 800 900	100 ~ 900 为字体粗细值
text-decoration	用于设置文本的下划线	none	不显示任何效果
		underline	在文本底端画一条线
		line-through	在文本中间画一条线
		overline	在文本顶端画一条线

项 目 拓 展

启动 Visual Studio Code 编辑器，完成如图 4-14 所示效果图代码的编写，保存文件名为 4-9.html。

FoRever

图 4-14 forever 字体效果图

项目目标

知识目标

1. 掌握段落水平对齐、缩进、行间距、字间距和词间距属性的使用。

2. 掌握设置首字下沉的方法。

3. 了解设置背景颜色的方法。

4. 掌握设置行高的方法。

技能目标

1. 能使用段落水平对齐、缩进、行间距、字间距和词间距属性设置段落的样式效果。

2. 能设置首字下沉效果。

3. 能设置行高效果。

项目描述

在项目 4 中主要学习了美化网页文字的方法，在网页中段落是文章的基本单位，也是网页的基本单位。段落的放置与效果的显示会影响页面的布局和风格。本项目利用 CSS 对《端午节由来与传说》其网页的文字、段落进行美化。

项目分析

1. 使用 HTML 语言建立简单的页面框架，网页背景颜色为浅黄色。使用 CSS 的背景属性为网页添加背景色。

2. 段落字体颜色为棕色，字体大小为 15px，设置 <p> 标签的字体大小、颜色属性。

3. 第一段首字下沉效果，字体为黑体、大小为 60px，棕色，左浮。在文章的第一段加入 span 标签，用 span 控制首字下沉效果，设置 span 标签的字体大小、颜色、间距等属性。

4. 文章的标题居中，字间距对 20px，标题为黑体，字体大小为 36px。使用字体属性设置其居中、字间距、颜色、大小等效果。

5. 后面两段首行缩进，第三段行高为 2 倍字符。使用段落属性设置第二段、第三段首行缩进、段落的行高效果。

项目完成的最终效果如图 5-1 所示。

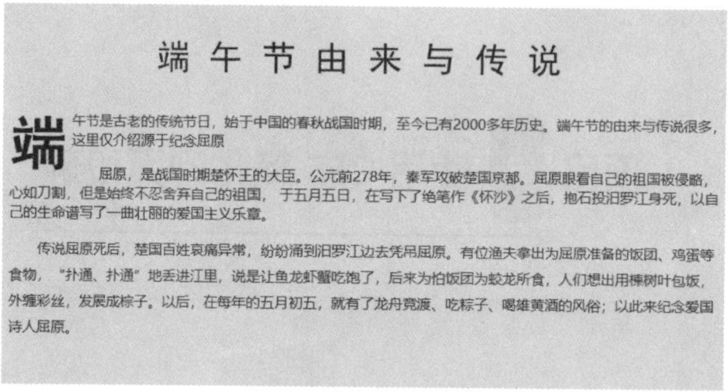

端 午 节 由 来 与 传 说

端午节是古老的传统节日，始于中国的春秋战国时期，至今已有2000多年历史。端午节的由来与传说很多，这里仅介绍源于纪念屈原。

屈原，是战国时期楚怀王的大臣。公元前278年，秦军攻破楚国京都。屈原眼看着自己的祖国被侵略，心如刀割，但是始终不忍舍弃自己的祖国，于五月五日，在写下了绝笔作《怀沙》之后，抱石投汨罗江身死，以自己的生命谱写了一曲壮丽的爱国主义乐章。

传说屈原死后，楚国百姓哀痛异常，纷纷涌到汨罗江边去凭吊屈原。有位渔夫拿出为屈原准备的饭团、鸡蛋等食物，"扑通、扑通"地丢进江里，说是让鱼龙虾蟹吃饱了，后来为怕饭团为蛟龙所食，人们想出用楝树叶包饭，外缠彩丝，发展成棕子。以后，在每年的五月初五，就有了龙舟竞渡、吃粽子、喝雄黄酒的风俗；以此来纪念爱国诗人屈原。

图 5-1　项目完成的最终效果

■ 知识引入

字体样式主要涉及字符本身的显示效果，而段落样式主要涉及多个字符的排版效果。CSS 在命名属性时，使用 font 前缀和 text 前缀来区分字体和段落属性。

子任务 1　设置段落水平对齐

CSS 使用 text-align 属性来定义文本的水平对齐方式，该属性的用法如下。

```
text-align: 属性值；
```

text-align 属性值如表 5-1 所示。

表 5-1　text-align 属性值

属性	描述	可用值	注释
text-align	设置段落的水平对齐	left	左对齐
		right	右对齐
		center	居中对齐
		justify	两端对齐

【例 5-1】启动 Visual Studio Code 编辑器，输入以下代码，文件名保存为 5-1.html，掌握 text-align 属性的使用。

```html
<!DOCTYPE html>
<html lang="en">
<head>
    <meta charset="UTF-8">
    <meta name="viewport" content="width=device-width, initial-scale=1. 0">
    <title>水平对齐</title>
```

```
<styletype="text/css">
p{ font-size:12px; }
p.left{ text-align:left; }              /* 左对齐 */
p.right{ text-align:right; }            /* 右对齐 */
p.center{ text-align:center; }          /* 居中对齐 */
p.justify{ text-align:justify; }        /* 两端对齐 */
</style>
   </head>
<body>
   <p class="left">
      这个段落采用左对齐的方式，text-align:left，因此文字都采用左对齐。
<br>
      床前明月光，疑是地上霜。<br>举头望明月，低头思故乡。<br>李白
   </p>
   <p class="right">
      这个段落采用右对齐的方式，text-align:right，因此文字都采用右对齐。
<br>
      床前明月光，疑是地上霜。<br>举头望明月，低头思故乡。<br>李白
   </p>
   <p class="center">
      这个段落采用居中对齐的方式，text-align:center，因此文字都采用居中
对齐。<br>
      床前明月光，疑是地上霜。<br>举头望明月，低头思故乡。<br>李白
   </p>
   <p class="justify">
      这个段落采用左对齐的方式，text-align:justify，因此文字都采用左对
齐。床前明月光，疑是地上霜。举头望明月，低头思故乡。<br>李白
   </p>
</body>
</html>
```

在浏览器中预览，其显示效果如图 5-2 所示。

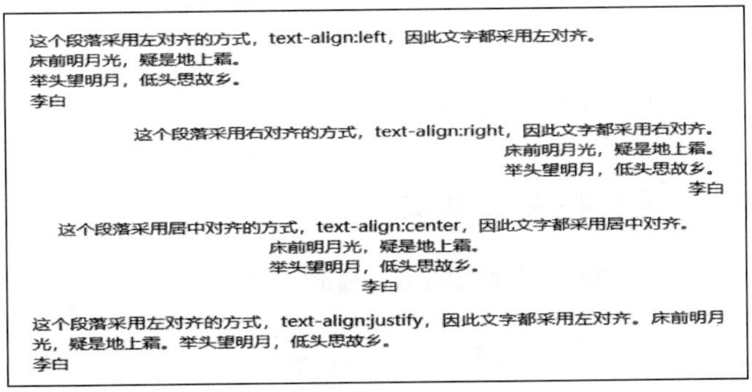

图 5-2　段落的水平对齐

微课

子任务 2　设置段落缩进

CSS 使用 text-indent 属性来定义文本块中首行文本的缩进，该属性的用法如下。

```
text-indent: 属性值；
```

text-indent 属性值如表 5-2 所示。

表 5-2　text-indent 属性值

属性	描述	可用值	注释
text-indent	规定文本块中首行文本的缩进	用数值	允许使用负值。如果使用负值，那么首行会被缩进到左边
		inherit	从父元素继承 text-indent 属性的值

【例 5-2】启动 Visual Studio Code 编辑器，输入以下代码，文件名保存为 5-2.html，掌握 text-indent 属性的使用。

```html
<!DOCTYPE html>
<html lang="en">
<head>
    <meta charset="UTF-8">
    <meta name="viewport" content="width=device-width, initial-scale=1. 0">
    <title> 文本的首行缩进 </title>
    <style>
    .sj{text-indent:2em;} /* 首行缩进 2 个字符 */

    </style>
</head>
<body>
    <p> 这段文字是没有缩进的。 </p>
    <p class="sj"> 这段文字有缩进，看到了吗？ </p>
</body>
</html>
```

在浏览器中预览，其显示效果如图 5-3 所示。

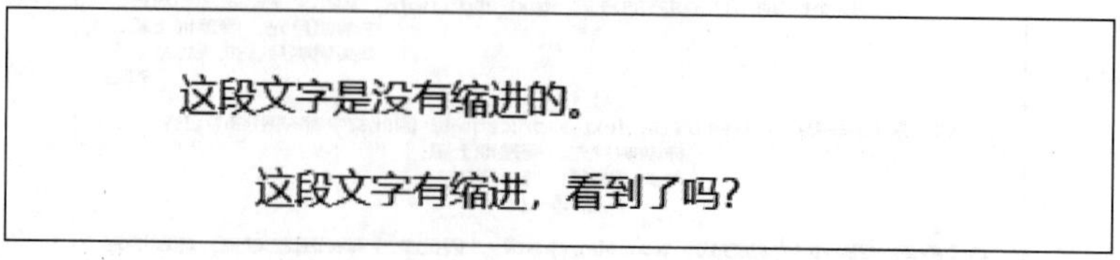

这段文字是没有缩进的。

　　这段文字有缩进，看到了吗？

图 5-3　文本的缩进

子任务 3　设置行间距

行高也称为行距，是段落文本行与文本行之间的距离。CSS 使用 line-height 属性定义行高，该属性的用法如下。

line-height：属性值；

line-height 属性值如表 5-3 所示。

表 5-3　line-height 属性值

属性	描述	可用值	注释
line-height	设置行高	normal	默认行高
		用数值	数字和单位标识符组成的长度值，允许为负值

行高的取值单位一般使用 em 或百分比，很少使用像素，也不建议使用。当 line-height 属性取值小于一个字大小时，就会发生上下行文本重叠现象。

一般行高的最佳设置范围为 1.2 ～ 1.8em，当然，对于特别大的字体或特别小的字体，可以特殊处理。因此，用户可以遵循字体越大，行高越小的原则来定义段落的具体行高。

例如，若段落字体大小为 12px，则行高设置为 1.8em 比较合适；若段落字体大小为 14px，则行高设置为 1.5 ～ 1.6em 比较合适；若段落字体大小为 16 ～ 18px，则行高设置为 1.2em 比较合适。一般浏览器默认行高为 1.2em 左右。

【例 5-3】启动 Visual Studio Code 编辑器，输入以下代码，文件名保存为 5-3.html，掌握 line-height 属性的使用。

```
<!DOCTYPE html>
<html lang="en">
<head>
    <meta charset="UTF-8">
     <meta name="viewport" content="width=device-width, initial-
scale=1. 0">
    <title> 行高的使用 </title>
    <style>
        .one{line-height: 24px;}
        .two{line-height: 2em;}
    </style>
</head>
<body>
    <p class="one"> 人生三境界 </p>
    <p class="two">《人间词话》原文："古今之成大事业、大学问者，必经过三种
之境界：
            '昨夜西风凋碧树。独上高楼，望尽天涯路'。此第一境也。'衣带渐宽终不悔，
            为伊消得人憔悴。'此第二境也。'众里寻他千百度，蓦然回首，那人却在，
```

灯火阑珊处'。此第三境也。"</p>

</body>

</html>

在浏览器中预览，其显示效果如图 5-4 所示。

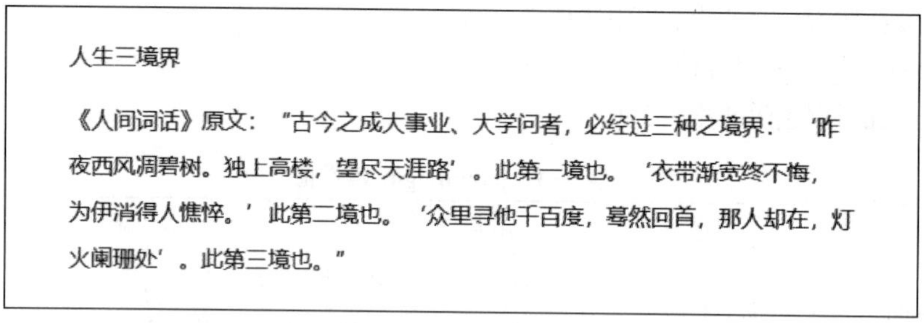

人生三境界

《人间词话》原文："古今之成大事业、大学问者，必经过三种之境界："昨夜西风凋碧树。独上高楼，望尽天涯路'。此第一境也。'衣带渐宽终不悔，为伊消得人憔悴。' 此第二境也。'众里寻他千百度，蓦然回首，那人却在，灯火阑珊处'。此第三境也。"

图 5-4　行间距设置

子任务 4　设置字间距和词间距

CSS 使用 letter-spacing 属性定义字间距，使用 word-spacing 属性定义词间距。这两个属性取值都是长度值，由浮点数字和单位标识符组成，默认值为 normal，它表示默认间隔。

微课

定义词间距时，以空格为基准进行调节，若多个单词被连在一起，则被 word-spacing 视为一个单词；若汉字被空格分隔，则分隔的多个汉字就被视为不同的单词，word-spacing 属性此时有效。

```
letter-spacing：属性值 ;
word-spacing：属性值 ;
```

letter-spacing 和 word-spacing 属性值如表 5-4 所示。

表 5-4　letter-spacing 和 word-spacing 属性值

属性	描述	可用值	注释
letter-spacing	定义文本中字母的间距	用数值	数字和单位标识符组成的长度值，正值为增大距离。负值为缩小距离
		normal	正常
word-spacing	属性增加或减少单词间的空白（字间隔）	用数值	数字和单位标识符组成的长度值，正值为增大距离，负值为缩小距离
		normal	正常

【例 5-4】启动 Visual Studio Code 编辑器，输入以下代码，文件名保存为 5-4.html，掌握 letter-spacing 和 word-spacing 属性的使用。

```
<!DOCTYPE html>
<html lang="en">
<head>
    <meta charset="UTF-8">
```

```
    <meta name="viewport" content="width=device-width, initial-
scale=1. 0">
    <title>定义字距和词距</title>
    <style>
    .ls{letter-spacing:1em;}/* 设置字间距为 1 个字符 */
    .ws{word-spacing:2em;}/* 设置词间距为 2 个字符 */
    </style>
</head>
<body>
    <p class="ls">letter spacing word spacing</p>
    <p class="ws">letter spacing word spacing</p>
</body>
</html>
```

在浏览器中预览，其显示效果如图 5-5 所示。

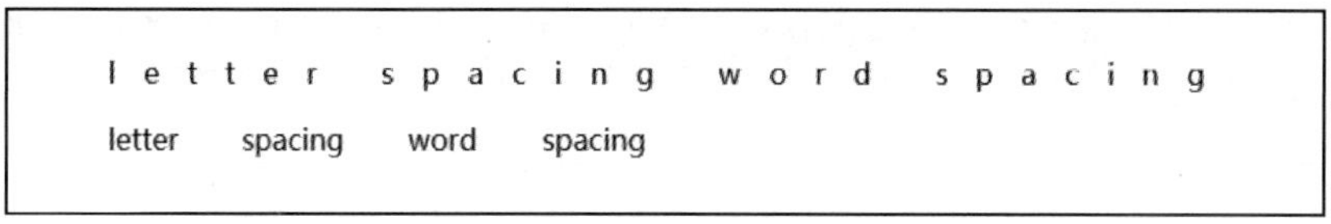

letter spacing word spacing

letter   spacing   word   spacing

图 5-5 字间距和词间距属性的使用

项目实施

步骤 1：首先建立简单的页面框架，将"端午节由来与传说"显示在页面中，效果如图 5-6 所示。

微课

```
! <!DOCTYPE html>
<html lang="en">
<head>
    <meta charset="UTF-8">
    <meta name="viewport" content="width=device-width, initial-
scale=1. 0">
    <title>端午节由来</title>
    </head>
<body>
    <p>端午节由来与传说</p>
    <p>端> 午节是古老的传统节日，始于中国的春秋战国时期，至今已有 2000 多年历
史。端午节的由来与传说很多，这里仅介绍源于纪念屈原</p>
    <p>屈原，是战国时期楚怀王的大臣。公元前 278 年，秦军攻破楚国京都。屈原眼
看自己的祖国被侵略，心如刀割，但是始终不忍舍弃自己的祖国，于五月五日，在写下了
绝笔作《怀沙》之后，抱石投汨罗江身死，以自己的生命谱写了一曲壮丽的爱国主义乐章。
```

```
</p>
        <p> 传说屈原死后，楚国百姓哀痛异常，纷纷涌到汨罗江边去凭吊屈原。有位渔夫拿
出为屈原准备的饭团、鸡蛋等食物，"扑通、扑通"地丢进江里，说是让鱼龙虾蟹吃饱了，
后来为怕饭团为蛟龙所食，人们想出用楝树叶包饭，外缠彩丝，发展成粽子。以后，在每
年的五月初五，就有了龙舟竞渡、吃粽子、喝雄黄酒的风俗；以此来纪念爱国诗人屈原。
</p>
</body>
</html>
```

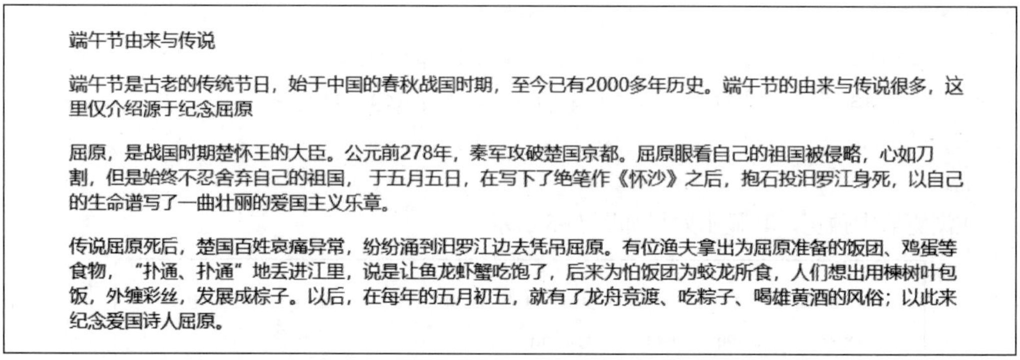

端午节由来与传说

端午节是古老的传统节日，始于中国的春秋战国时期，至今已有2000多年历史。端午节的由来与传说很多，这里仅介绍源于纪念屈原

屈原，是战国时期楚怀王的大臣。公元前278年，秦军攻破楚国京都。屈原眼看自己的祖国被侵略，心如刀割，但是始终不忍舍弃自己的祖国，于五月五日，在写下了绝笔作《怀沙》之后，抱石投汨罗江身死，以自己的生命谱写了一曲壮丽的爱国主义乐章。

传说屈原死后，楚国百姓哀痛异常，纷纷涌到汨罗江边去凭吊屈原。有位渔夫拿出为屈原准备的饭团、鸡蛋等食物，"扑通、扑通"地丢进江里，说是让鱼龙虾蟹吃饱了，后来为怕饭团为蛟龙所食，人们想出用楝树叶包饭，外缠彩丝，发展成粽子。以后，在每年的五月初五，就有了龙舟竞渡、吃粽子、喝雄黄酒的风俗；以此来纪念爱国诗人屈原。

图 5-6　文字输入

步骤 2：加上背景色，加入 CSS 语句 body{ background-color：wheat；/* 背景色 */} 为
网页添加浅黄色，效果如图 5-7 所示。

```
<style>
body{
        background-color: wheat;/* 背景色 */
}
</style>
```

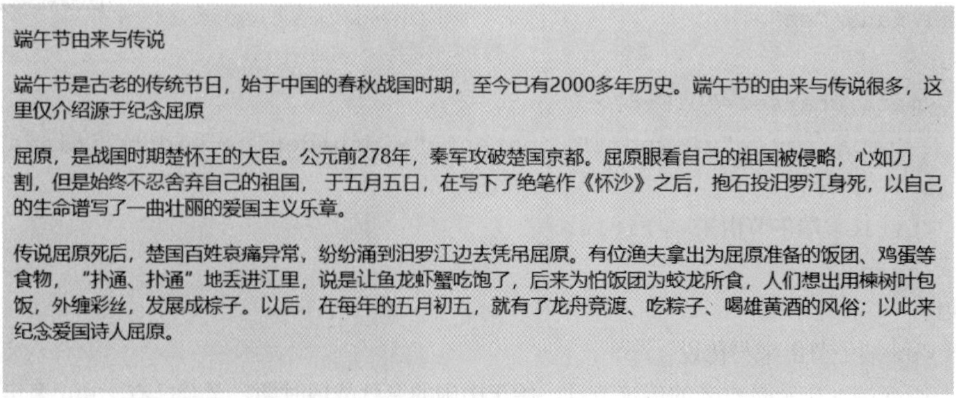

端午节由来与传说

端午节是古老的传统节日，始于中国的春秋战国时期，至今已有2000多年历史。端午节的由来与传说很多，这里仅介绍源于纪念屈原

屈原，是战国时期楚怀王的大臣。公元前278年，秦军攻破楚国京都。屈原眼看自己的祖国被侵略，心如刀割，但是始终不忍舍弃自己的祖国，于五月五日，在写下了绝笔作《怀沙》之后，抱石投汨罗江身死，以自己的生命谱写了一曲壮丽的爱国主义乐章。

传说屈原死后，楚国百姓哀痛异常，纷纷涌到汨罗江边去凭吊屈原。有位渔夫拿出为屈原准备的饭团、鸡蛋等食物，"扑通、扑通"地丢进江里，说是让鱼龙虾蟹吃饱了，后来为怕饭团为蛟龙所食，人们想出用楝树叶包饭，外缠彩丝，发展成粽子。以后，在每年的五月初五，就有了龙舟竞渡、吃粽子、喝雄黄酒的风俗；以此来纪念爱国诗人屈原。

图 5-7　添加背景颜色

步骤 3：在添加背景的基础上，对 <p> 标签加入控制字体大小颜色的 CSS 语句 "font-
size：15px；color：sienna；"，效果如图 5-8 所示。

```
<style>
```

```
p{
    font-size:15px;              /* 文字大小 */
     color: sienna;              /* 文字颜色 */


}
</style>
```

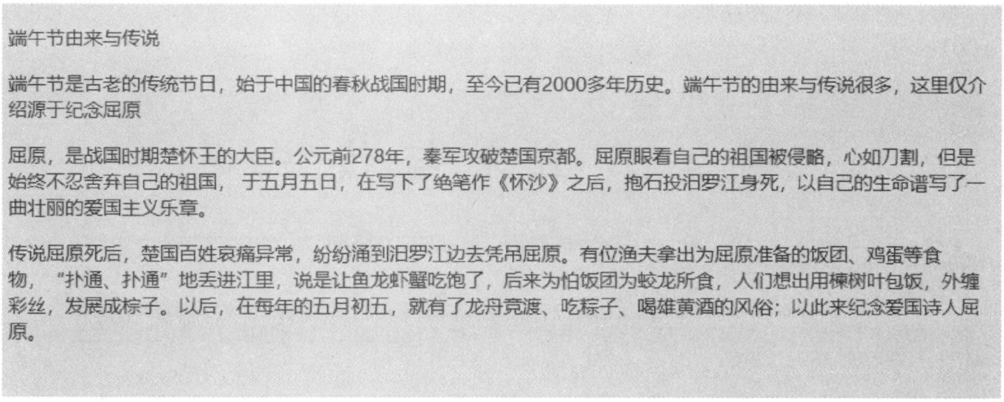

端午节由来与传说

端午节是古老的传统节日，始于中国的春秋战国时期，至今已有2000多年历史。端午节的由来与传说很多，这里仅介绍源于纪念屈原

屈原，是战国时期楚怀王的大臣。公元前278年，秦军攻破楚国京都。屈原眼看自己的祖国被侵略，心如刀割，但是始终不忍舍弃自己的祖国，于五月五日，在写下了绝笔作《怀沙》之后，抱石投汨罗江身死，以自己的生命谱写了一曲壮丽的爱国主义乐章。

传说屈原死后，楚国百姓哀痛异常，纷纷涌到汨罗江边去凭吊屈原。有位渔夫拿出为屈原准备的饭团、鸡蛋等食物，"扑通、扑通"地丢进江里，说是让鱼龙虾蟹吃饱了，后来为怕饭团为蛟龙所食，人们想出用楝树叶包饭，外缠彩丝，发展成粽子。以后，在每年的五月初五，就有了龙舟竞渡、吃粽子、喝雄黄酒的风俗；以此来纪念爱国诗人屈原。

图 5-8　段落标签的控制

　　步骤 4：设置首字下沉效果。添加了背景，对 <p> 标签进行声明后，对 <p> 标签下的 span 标签进行声明，效果如图 5-9 所示。

```
<style>
p span{
    font-size:60px;              /* 首字大小 */
    float:left;                  /* 首字下沉 */
    padding-right:5px;           /* 与右边的间隔 */
    font-weight:bold;            /* 粗体字 */
    font-family:黑体 ;           /* 黑体字 */
     color: brown;               /* 字体颜色 */
}
</style>
```

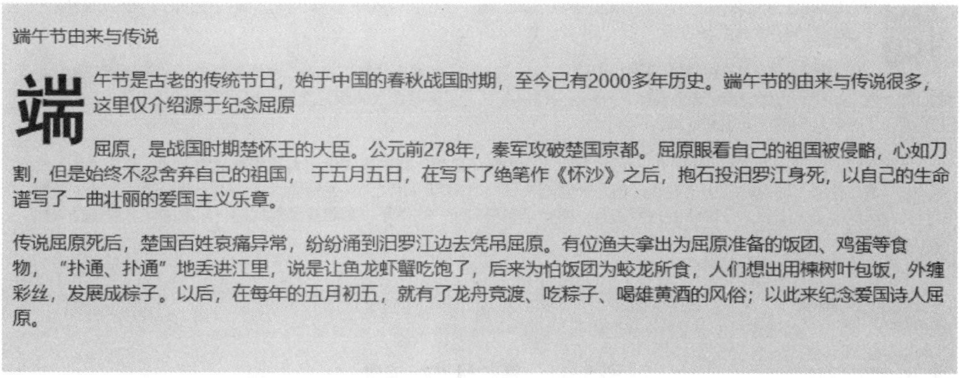

端午节由来与传说

端午节是古老的传统节日，始于中国的春秋战国时期，至今已有2000多年历史。端午节的由来与传说很多，这里仅介绍源于纪念屈原

屈原，是战国时期楚怀王的大臣。公元前278年，秦军攻破楚国京都。屈原眼看自己的祖国被侵略，心如刀割，但是始终不忍舍弃自己的祖国，于五月五日，在写下了绝笔作《怀沙》之后，抱石投汨罗江身死，以自己的生命谱写了一曲壮丽的爱国主义乐章。

传说屈原死后，楚国百姓哀痛异常，纷纷涌到汨罗江边去凭吊屈原。有位渔夫拿出为屈原准备的饭团、鸡蛋等食物，"扑通、扑通"地丢进江里，说是让鱼龙虾蟹吃饱了，后来为怕饭团为蛟龙所食，人们想出用楝树叶包饭，外缠彩丝，发展成粽子。以后，在每年的五月初五，就有了龙舟竞渡、吃粽子、喝雄黄酒的风俗；以此来纪念爱国诗人屈原。

图 5-9　设置首字下沉

步骤 5：设置标题的居中、字间距、颜色等，效果如图 5-10 所示。

```
<style>
.center{text-align:center;          /* 段落居中对齐 */
        letter-spacing:20px;        /* 字间距 */
        font-size:36px;
        font-family:" 黑体 ";
        color:brown;}
</style>
```

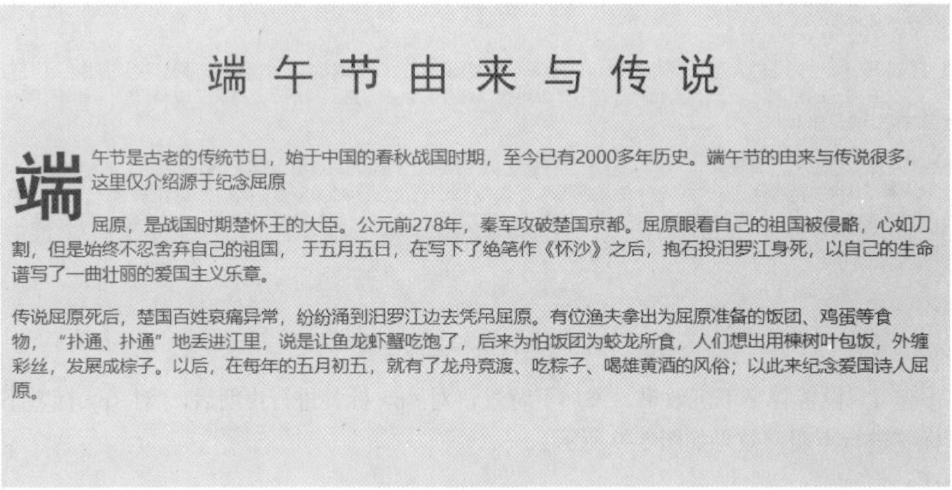

图 5-10　标题的设置

步骤 6：设置第二段的缩进，效果如图 5-11 所示。

```
<style>
.sj{text-indent:2em;}               /* 设置段落缩进 */
</style>
```

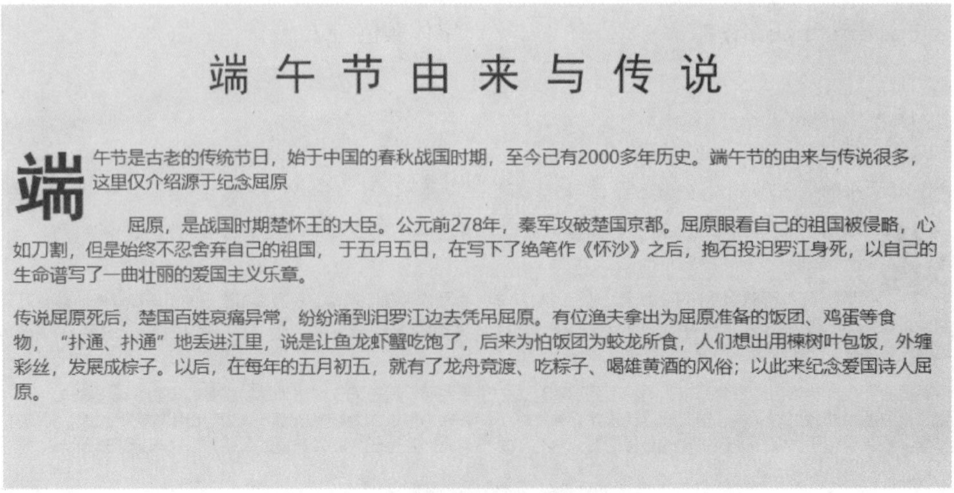

图 5-11　第二段首行缩进

步骤 7：设置第三段的缩进及行高，效果如图 5-12 所示。

```
<style>
.hg{text-indent: 2em; line-height:1. 8em;}    /* 设置段落行高 */
</style>
```

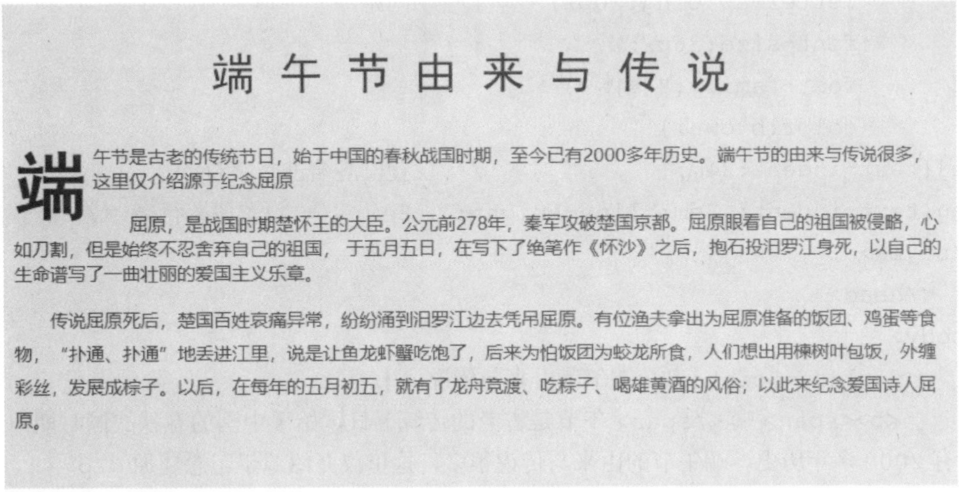

图 5-12　最终效果

步骤 8：完整的代码如下，文件名保存为 5-5.html。最终效果如图 5-12 所示。

```
<!DOCTYPE html>
<html lang="en">
<head>
    <meta charset="UTF-8">
    <meta name="viewport" content="width=device-width, initial-
scale=1. 0">
    <title>端午节由来</title>
<style>
body{
    background-color: wheat;/* 背景色 */
}
p{
    font-size:15px;              /* 文字大小 */
    color: sienna;               /* 文字颜色 */

}
p span{
    font-size:60px;              /* 首字大小 */
    float:left;                  /* 首字下沉 */
    padding-right:5px;           /* 与右边的间隔 */
    font-weight:bold;            /* 粗体字 */
```

```
        font-family: 黑体;               /* 黑体字 */
         color: brown;                   /* 字体颜色 */
    }
    .center{text-align:center;           /* 段落居中对齐 */
            letter-spacing:20px;         /* 字间距 */
            font-size:36px;
            font-family:" 黑体 ";
            color:brown;}
    .sj{text-indent:2em;}                /* 设置段落缩进 2 字符 */
    .hg{text-indent: 2em; line-height:1. 8em;}/* 设置段落行高 */
    </style>
        </head>
<body>
        <p class="center"> 端午节由来与传说 </p>
        <p><span> 端 </span> 午节是古老的传统节日，始于中国的春秋战国时期，至今
已有 2000 多年历史。端午节的由来与传说很多，这里仅介绍源于纪念屈原 </p>
        <p class="sj"> 屈原，是战国时期楚怀王的大臣。公元前 278 年，秦军攻破楚国
京都。屈原眼看自己的祖国被侵略，心如刀割，但是始终不忍舍弃自己的祖国，
        于五月五日，在写下了绝笔作《怀沙》之后，抱石投汨罗江身死，以自己的生命谱写
了一曲壮丽的爱国主义乐章。</p>
        <p class="hg"> 传说屈原死后，楚国百姓哀痛异常，纷纷涌到汨罗江边去凭吊屈
原。有位渔夫拿出为屈原准备的饭团、鸡蛋等食物，"扑通、扑通"地丢进江里，说是让鱼
龙虾蟹吃饱了，后来为怕饭团为蛟龙所食，人们想出用楝树叶包饭，外缠彩丝，发展成粽
子。以后，在每年的五月初五，就有了龙舟竞渡、吃粽子、喝雄黄酒的风俗；以此来纪念
爱国诗人屈原。</p>
</body>
</html>
```

项 目 总 结

　　本项目主要学习了段落的对齐、首行文本的缩进、行高、字间距等属性，理解这些属性的作用及展示出来的效果，结合项目实例分析，明确这些属性的使用。

　　本项目知识点总结如表 5-5 所示。

表 5-5　段落样式属性

属性	描述	可用值	注释
text-align	设置段落的水平对齐	left	左对齐
		right	右对齐
		center	居中对齐
		justify	两端对齐

属性	描述	可用值	注释
text-indent	规定文本块中首行文本的缩进	用数值	允许使用负值。如果使用负值，那么首行会被缩进到左边
		inherit	从父元素继承 text-indent 属性的值
line-height	设置行高	normal	默认行高
		用数值	数字和单位标识符组成的长度值，允许为负值
letter-spacing	定义文本中字母的间距	用数值	数字和单位标识符组成的长度值，正值为增大距离，负值为缩小距离
		normal	正常
word-spacing	属性增加或减少单词间的空白（即字间隔）	用数值	数字和单位标识符组成的长度值，正值为增大距离，负值为缩小距离
		normal	正常

项 目 拓 展

启动 Visual Studio Code 编辑器，参照如图 5-13 所示的效果，完成《清明节》文章的排版，保存为 5-6.html。

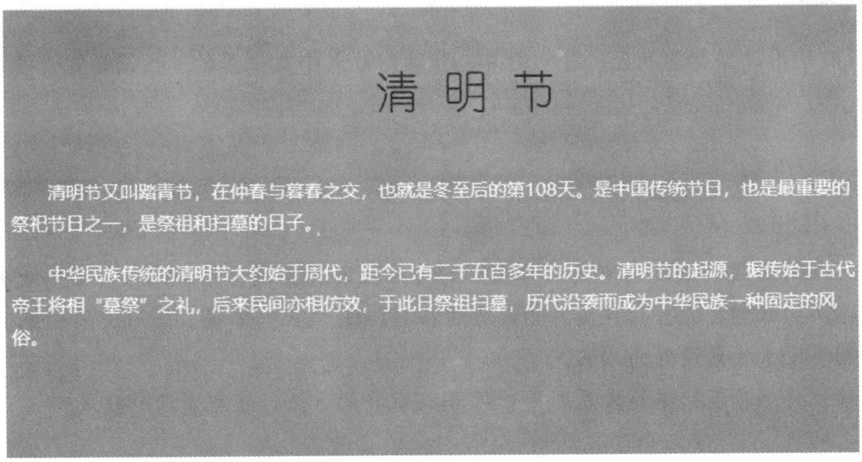

图 5-13 《清明节》排版效果

项目 6 使用 CSS 美化图片

 项目目标

知识目标

1. 掌握插入图像、设置图像大小、定义图像边框、定义圆角图像的方法。

2. 掌握设置背景颜色、背景图片、背景图片大小及位置的方法。

技能目标

1. 能使用插入图像、设置图像大小、定义图像边框、定义圆角图像的属性设置图片的显示效果。

2. 能使用设置背景颜色、背景图片、背景图片大小及位置的属性设置背景图片的显示效果。

 项目描述

图片在网页设计中具有重要的作用，它可以让网页变得生动和形象，从而大大提高浏览者看网页的兴趣。CSS 处理图片的能力远在 HTML 之上。本项目学习使用 CSS 设置图像效果及网页元素背景设置的方法。

本项目将《春节》这篇文章利用 CSS 图文混排的方法，实现页面的效果。

项目分析

1. 首先建立简单的页面框架，将文章《春节》的 3 段文字使用 <p> 标签显示在页面中。

2. 背景颜色为红色、背景图片靠右靠下。使用背景属性设置背景颜色、背景图片效果。

3. 标题居中、字体大小为 60px、黑体、字间距为 40px。使用字体的大小、颜色、间距、对齐属性设置标题效果。

4. 图片左浮、宽 300px、高 200px、圆角 10px、虚线边框。使用图片的边框、圆角、大小属性设置图片效果。

5. 段落 1.5em、缩进 2em、字体颜色为黄色、段落间有距离。使用段落的行高、缩进

及间距属性设置段落的效果。

6. 首字"春"左浮、字体大小为 85px、黑体。使用 <span> 标签，对首字"春"单独设置下沉效果。

项目完成的最终效果如图 6-1 所示。

图 6-1　项目完成的最终效果

知识引入

子任务 1　在网页中插入图像

微课

图像格式众多，但网页图像常用格式只有 3 种：GIF、JPEG 和 PNG。其中 GIF 和 JPEG 图像格式在网上使用广泛，能够支持所有浏览器。在网页设计中，如果图像颜色少于 256 色时，建议使用 GIF 格式，如 LOGO 等，而颜色较丰富的，应使用 JPEG 格式，如在网页中显示的自然画面的图像。

在 HTML5 中，使用 <img> 标签可以把图像插入网页中，具体的用法如下。

```
<img src="URL" alt=" 替代文本 "/>
```

说明：img 元素向网页中嵌入一幅图像，从技术上分析，<img> 标签并不会在网页插入图像，而是从网页上链接图像，<img> 标签创建的是被引用图像的占位空间。

<img> 标签有两个必需的属性：alt 属性和 src 属性。具体说明如下。

（1）alt：设置图像的替代文本。

（2）src：定义显示图像的 URL。src 属性用于设置图像文件所在的路径，这一路径可以是相对路径，也可以是绝对路径，在实际的网站开发中，对于图片或引用文件的路径，都是使用相对路径。

相对路径使用的特殊符号有以下 3 种。

（1）"./"：代表目前所在目录（可以省略不写）。

（2）"../"：代表上一层目录。

（3）以 "/" 开头：代表根目录。

相对路径的写法如表 6-1 所示。

表 6-1　相对路径写法

HTML 文档位置	图像位置和名称	相对路径	描述
d:\demo	d:\demo\tad.gif	\<ing src="tad.gif">	图文均在同一目录
d:\demo	d:\demo\image\tad.gif	\<ing src="image/tad.gif">	图像在风页下一层目录
d:\demo	d:\tad.gif\	\<ing src="../tad.gif">	图像在网面上一层目录
d:\demo	d:\image\tad.gif	\<ing src="image/tad.gif">	图文在同一层但不在同一目录

【例 6-1】启动 Visual Studio Code 编辑器，输入以下代码，使用相对路径插入图片，文件名保存为 6-1.html。

```
<!DOCTYPE html>
<html lang="en">
<head>
    <meta charset="UTF-8">
    <meta name="viewport" content="width=device-width, initial-scale=1. 0">
    <title>插入图片</title>
</head>
<body>
<img src="img/timg.jpg" alt="端午节" width="500">
</body>
</html>
```

图 6-2　插入图片效果

在浏览器中预览，其显示效果如图 6-2 所示。

子任务 2　设置图像大小

使用 \<img> 标签的 height 和 width 属性可以控制图像的大小，格式如下。

> height: 属性值
>
> width: 属性值

height 和 width 属性值如表 6-2 所示。

表 6-2　height 和 width 属性值

值	描述
pixels	以像素为单位的高度或宽度值
percent	以包含元素的百分比计的高度或宽度值

当图像大小取值为百分比时，浏览器将根据图像包含框的宽和高进行计算。

【例 6-2】启动 Visual Studio Code 编辑器，输入以下代码，使用相对路径插入图片，文件名保存为 6-2.html。

微课

```
<!DOCTYPE html>
<html lang="en">
<head>
    <meta charset="UTF-8">
     <meta name="viewport" content="width=device-width, initial-
scale=1. 0">
    <title>设置图像的大小</title>
    <style type="text/css">
        .w200{width:200px; height:200px;}/* 绝对宽度、高度 */
        .s50{width: 30%;}/* 相对宽度 */
        .w300{width:40%; /* 绝对宽度 */height:300px;/* 绝对高度 */}
    </style>
</head>
<body>
    <img src="img/duanwulong.jpg" class="w200" >
    <img src="img/xinshu.jpg" class="s50">
    <img src="img/zongzi.jpg" class="w300">
</body>
</html>
```

在浏览器中预览，其显示效果如图 6-3 所示。

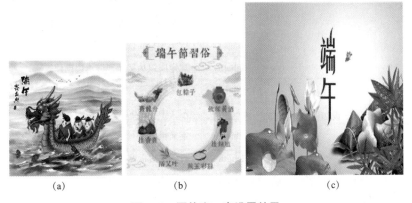

(a)   (b)   (c)

图 6-3　图片宽、高设置效果

说明：图 6-3（a）设置了绝对的宽度和高度，当浏览器窗口变化时，图片的大小没发生变化，而图 6-3（b）仅设置了图片的 width 属性（或 height 属性），图片会自动等纵横比例缩放，图 6-3（c）的 height 属性固定，而 width 属性相对时，当浏览器窗口变化时，高度并没有随着图片宽度的变化而改变。

子任务 3　定义图像的边框

CSS 所支持的图片样式主要包含边框颜色、边框粗细、边框样式等基本属性，下面详细介绍用法。

微课

CSS 为元素边框定义了众多的边框样式，边框样式可以使用 border-style 属性来定义。边框样式包括虚线框和实线框两种，虚线框包括 dotted（点线）和 dashed（虚线）。实线框包括实线（solid）、双线（double）、立体凹槽（groove）、立体凸槽（ridge）、立体凹边（inset）、立体凸边（outset）。其中实线（solid）框是应用最广泛的一种边框样式。如果单独定义某边边框样式，可以使用如下属性：border-top-style（顶部边框样式）、border-right-style（右侧边框样式）、border-bottom-style（底部边框样式）、border-left-style（左侧边框样式）。属性取值的顺序为顶部、右侧、底部、左侧。

使用 CSS 的 border-color 属性可以定义边框的颜色，颜色取值可以是任何有效的颜色表示法；使用 border-width 属性可以定义边框的粗细，取值可以是任何长度，但不能使用百分比单位。它们的属性值如表 6-3 所示。

表 6-3　border-style、border-width 和 border-color 的属性值

属性	描述	可用值	注释
border-style	用于设置元素边框的样式	none	定义无边
		hidden	与 none 相同，对于表，用于解决边框冲突
		dotted	定义点状边框，在大多数浏览器中显示为实线
		dashed	定义虚线，在大多数浏览器中显示为实线
		soild	定义实线
		double	定义双线，双线的宽等于 border-width 的值
		groove	定义 3D 凹槽边框。其效果取决于 border-color 的值
		ridge	定义 3D 垄状边框。其效果取决于 border-color 的值
		inset	定义 3D inset 边框。其效果取决于 border-color 的值
		outset	定义 3D outset 边框。其效果取决于 border-color 的值
		inherit	规定应该从父元素继承边框样式
border-width	用于设置元素边框的粗细	thin	定义细边框
		medium	定义中等边框（默认粗细）
		thick	定义粗边框
		length	自定义边框宽度（如 1px）
border-color	用于设置元素边框的颜色	transparent	默认值，边框为透明
		输入颜色值	

【例 6-3】启动 Visual Studio Code 编辑器，输入以下代码，插入图片，为图片设置边框效果，文件名保存为 6-3.html。

```
<!DOCTYPE html>
<html lang="en">
<head>
    <meta charset="UTF-8">
    <meta name="viewport" content="width=device-width, initial-scale=1. 0">
```

```
<title>边框样式</title>
<style>
img.test1{
    border-style:dotted;        /* 点划线 */
    border-color:#FF9900;       /* 边框颜色 */
    border-width:5px;           /* 边框粗细 */
    width:200px;                /* 设置图片的宽 */
    height:200px;               /* 设置图片的高 */
}
img.test2{
    border-style:dashed;        /* 虚线 */
    border-color:blue;          /* 边框颜色 */
    border-width:2px;           /* 边框粗细 */
    width:200px;                /* 设置图片的宽 */
    height:200px;               /* 设置图片的高 */
}

</style>
</head>
<body>
    <img src="img/biankuang.jpg" class="test1">
    <img src="img/biankuang.jpg" class="test2">
</body>
</html>
```

在浏览器中预览，其显示效果如图 6-4 所示。

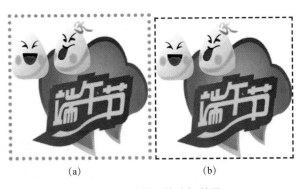

(a)   (b)

图 6-4　设置图片边框效果

说明：例 6-3 对两幅图片进行设置，这两幅图片同时设置的宽、高均为 200px，图 6-4（a）设置的是金黄色、5px 宽的点划线，图 6-4（b）设置的是蓝色、2px 宽的虚线。

在 CSS 中可以分别设置 4 个边框的不同样式，即分别设定 border-left、border-right、border-top 和 border-bottom 的样式。

【例 6-4】启动 Visual Studio Code 编辑器，输入以下代码，图片的 4 个边设置不同的边框效果，文件名保存为 6-4.html。

微课

```html
<!DOCTYPE html>
<html lang="en">
<head>
    <meta charset="UTF-8">
    <meta name="viewport" content="width=device-width, initial-scale=1. 0">
    <title>分别设置 4 边框</title>
    <style>
    .test{width: 300px;/* 设置图片的宽 */
        height: 200px;/* 设置图片的高 */
        border-left-style: dotted;/* 左点划线 */
        border-left-width: 5px;/* 左边框的粗细为 5px*/
        border-left-color: blueviolet;/* 左边框的颜色为紫色 */
        border-right-style: double;/* 设置右边框为双实线 */
        border-right-width: 3px;/* 设置右边框的粗细为 3px*/
        border-right-color: brown;/* 设置右边框的颜色为棕色 */
        border-top-style: solid;/* 上实线 */
        border-top-width: 10px;/* 上实线的宽为 10px*/
        border-top-color: darkgreen;/* 上实线的颜色 */
        border-bottom-style: groove;/* 下边线为 3D 凹槽边框 */
        border-bottom-width: 10px;/* 下边线的宽为 10px*/
        border-bottom-color: darksalmon;/* 设置下边线的颜色为棕色 */
    }
    </style>
</head>
<body>
    <img src="img/sibian.jpg" class="test">
</body>
</html>
```

在浏览器中预览，其显示效果如图 6-5 所示。

说明：例 6-4 图片的 4 个边框被分别设置了不同的风格样式。在熟练使用后，border 属性还可以将各个值写到同一语句中，用空格分离，这样可大大简化 CSS 代码的长度。

【例 6-5】启动 Visual Studio Code 编辑器，输入以下代码，将 border 属性值合并，文件名保存为 6-5.html。

图 6-5　分别设置 4 个边框的效果

```
<!DOCTYPE html>
<html lang="en">
<head>
    <meta charset="UTF-8">
     <meta name="viewport" content="width=device-width, initial-
scale=1. 0">
    <title>边框值的合并</title>
    <style>
     img{width:300px;}
    .test1{border: 5px double #FF00FF;}
     .test2{border-right: 5px double burlywood; border-
left: 5px solid darkgreen;}


    </style>
</head>
<body>
    <img src="img/biankuang.jpg" class="test1">
    <img src="img/sibian.jpg" class="test2">
</body>
</html>
```

在浏览器中预览，其显示效果如图6-6所示。

图 6-6　边框值合并效果

说明：从例6-5中可以看到border边框值合并后CSS的代码长度明显减少了，这样不但加快了网页的下载速度，而且更加清晰易读。

子任务 4　定义圆角图像

CSS3新增了border-radius属性，使用它可以设计圆角样式，该属性的用法如下。

> border-radius: 属性值；

border-radius属性值有4个写法。

（1）border-radius：设置一个值。例如，border-radius：10px；设置的4个圆角半径都

是 10px，结果如图 6-7 所示。

（2）border-radius：设置两个值。例如，border-radius：10px 20px；表示左上角、右下角为 10px，右上角、左下角为 20px；结果如图 6-8 所示。

图 6-7　设置一个值

图 6-8　设置两个值

（3）border-radius：设置 3 个值。例如，border-radius：10px 20px 30px；表示左上角、右上角和右下角的圆角半径依次是 10px、20px、30px，结果如图 6-9 所示。

（4）border-radius：设置 4 个值。例如，border-radius：10px 20px 30px 40px；表示左上角、右上角、右下角和左下角的圆角半径依次是 10px 20px 30px 40px，结果如图 6-10 所示。

图 6-9　设置 3 个值

图 6-10　设置 4 个值

【例 6-6】启动 Visual Studio Code 编辑器，输入以下代码，分别设计两个圆角样式，文件名保存为 6-6.html。

```
<!DOCTYPE html>
<html lang="en">
<head>
    <meta charset="UTF-8">
    <meta name="viewport" content="width=device-width, initial-scale=1. 0">
    <title>设置图片的圆角效果</title>
    <style>
    img{width: 400px; height: 300px; border: brown 1px solid;}
    .r1{-moz-border-radius:12px;/* 兼容 Gecko 引擎 */
        -webkit-border-radius:12px;/* 兼容 Wekit 引擎 */
        border-radius: 12px;}/* 标准用法 */
    .r2{-moz-border-radius:50%;/* 兼容 Gecko 引擎 */
        -webkit-border-radius:50%;/* 兼容 Wekit 引擎 */
        border-radius:50%;} /* 标准用法 */
    .r3{width: 300px;
        height: 300px;;
        -moz-border-radius:50%;/* 兼容 Gecko 引擎 */
```

```
        -webkit-border-radius:50%;/* 兼容 Wekit 引擎 */
        border-radius:50%;} /* 标准用法 */
    </style>
</head>
<body>
    <img src="img/duanwulong.jpg" class="r1">
    <img src="img/duanwulong.jpg" class="r2">
    <img src="img/duanwulong.jpg" class="r3">
</body>
</html>
```

在浏览器中预览，其显示效果如图 6-11 所示。

(a)   (b)   (c)

图 6-11   图片图角效果

说明：在上面的示例中，虽然图 6-11（b）和图 6-11（c）都应用了相同的类样式，但是由于图像长宽比不同，所得效果也不同。只有当图像宽度和高度相同时，应用类别选择器 r2 之后，才可以设计圆形图像效果。

子任务 5   设置背景颜色

微课

CSS 的背景颜色是由 background-color 属性来实现的，该属性的用法如下。

`background-color：属性值；`

background-color 属性值如表 6-4 所示。

表 6-4   **background-color 属性值**

属性	描述	可用值	注释
background-color	用来设置背景颜色	color- 十六进制	十六进制颜色格式
		color-RGB	RGB 颜色格式
		color-name	颜色的英文名称
		color-transparent	颜色的不透明

在 CSS 中页面的背景颜色通过设置 body 标记的 background-color 属性来实现。具体颜色值的设定方法与文字颜色的设定方法一样，可以采用十六进制、RGB 各分量和颜色的英文单词。

子任务6 设置背景图片

CSS 的背景图片是由 background-image 属性来实现的，该属性的用法如下。

```
background-image:none|<url>;
```

说明：默认值为 none，表示无背景图；<url> 表示使用绝对地址或相对地址指定背景图像。所导入的图像可以是任意类型的，但是符合网页显示的格式一般为 GIF、JPEG 和 PNG。

background-image 属性值如表 6-5 所示。

表 6-5　background-image 属性值

属性	描述	可用值	注释
background-image	用来设置背景图片	URL	图片地址
		none	无
		inherit	继承

【例 6-7】启动 Visual Studio Code 编辑器，输入以下代码，使用背景颜色和背景图片属性给页面添加背景，文件名保存为 6-7.html。

```
<!DOCTYPE html>
<html lang="en">
<head>
    <meta charset="UTF-8">
     <meta name="viewport" content="width=device-width, initial-scale=1. 0">
    <title>设置背景颜色和背景图片</title>
    <style>
    body{background-image:url (img/touming2. png);
        background-color: cadetblue;}
 </style>
</head>
<body>

</body>
</html>
```

在浏览器中预览，其显示效果如图 6-12 所示。

图 6-12　背景颜色和背景图片的设置效果

子任务 7　设置背景图片的重复

以上的例子，背景图案都是直接重复地铺满整个页面，这种方式并不适用大多数页面，在 CSS 中可以通过 background-repeat 属性实现，该属性的用法如下。

```
background-repeat: 属性值；
```

background-repeat 属性值如表 6-6 所示。

表 6-6　background-repeat 属性值

属性	描述	可用值	注释
background-repeat	用来设置背景图片的平铺方式	repeat	平铺
		repeat-x	横向平铺
		repeat-y	纵向平铺
		no-repeat	不重复
		inherit	继承

【例 6-8】启动 Visual Studio Code 编辑器，输入以下代码，使用背景图片的重复属性给页面添加背景，文件名保存为 6-8.html。

```
<!DOCTYPE html>
<html lang="en">
<head>
    <meta charset="UTF-8">
    <meta name="viewport" content="width=device-width, initial-scale=1. 0">
    <title> 使用背景重复属性 </title>
    <style type="text/css">
      body{background-image: url（img/beijing.jpg）;/* 设置背景图片 */
        background-repeat: repeat-y;/* 设置背景图片的纵向平铺 */
        }
    </style>
</head>
<body>
</body>
```

在浏览器中预览，其显示效果如图 6-13 所示。

说明：例 6-8 将 background-repeat 的值设置为 "repeat-y"，背景图片在纵向重复，如果将 background-repeat 的值设置为 "repeat-x"，背景图片在水平方向重复，将 background-repeat 的值设置为 "no-repeat"，背景图片不重复。读者可以试验，这里不再详细介绍。

图 6-13　背景图片纵向重复

子任务 8　设置背景图片的大小

微课

background-size 属性指定背景图片的大小，其基本的语法如下。

background-size: length|percentage|cover|contain;

background-size 属性值如表 6-7 所示。

表 6-7　background-size 属性值

属性	描述	可用值	注释
background-size	用来设置背景图片的大小	length	由浮点数字和单位标识符组成的长度值。不可为负值
		percentage	取值为 0% ～ 100% 的值。不可为负值
		cover	此时会保持图像的纵横比，并将图像缩放成完全覆盖背景定位区域的最小大小
		contain	此时会保持图像的纵横比，并将图像缩放成适合背景定位区域的最大大小

【例 6-9】启动 Visual Studio Code 编辑器，输入以下代码，使用设置背景大小属性，深入理解该属性的含义，文件名保存为 6-9.html。

```
<!DOCTYPE html>
<html lang="en">
<head>
    <meta charset="UTF-8">
    <meta name="viewport" content="width=device-width, initial-scale=1. 0">
    <title>设置图片的大小</title>
    <style type="text/css">
        div{margin: 2px;
        float: left;
        background-image: url（img/zongzi.jpg）;/* 设置背景图片 */
        background-repeat: no-repeat;/* 设置背景不重复 */
        border: blue dashed 2px;/* 设置图片的边框 */
        background-size: cover;/* 设置图片的大小 */
        }
        .test1{width: 300px; height:300px;}
        .test2{width: 600px; height:600px;}
    </style>
</head>
<body>
    <div class="test1"></div>
    <div class="test2"></div>
```

```
</body>
</html>
```

在浏览器中预览，其显示的效果如图 6-14 所示。

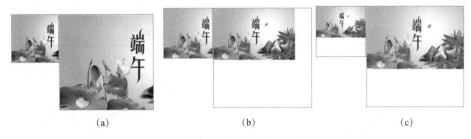

(a)　　　　　　　　　(b)　　　　　　　　　(c)

图 6-14　背景图片大小设置

说明：例 6-9 的背景图片大小为 500×312，本例中设置了两个盒子大小分别为 300px×300px，600px×600px；当不设置背景图片大小的时候，显示的效果如图 6-14（b）所示，当设置为 background-size:cover 时，显示图 6-14（a）所示的效果；当设置为 background-size:contain 时，显示图 6-14（c）所示的效果。

子任务 9　设置背景图片的位置

在默认情况下，背景图片在元素的左上角，为了更好地控制背景图片的显示位置，CSS 定义了 background-position 属性来精确定位背景图片。其基本语法如下。

background-position: 属性值；

background-position 属性值如表 6-8 所示。

表 6-8　background-position 属性值

属性	描述	可用值	注释
background-position	用来设置背景图片的位置	top left	靠上左边
		top center	靠上中间
		top right	靠上右边
		center left	中部左边
		center center	中部中间
		center right	中部右边
		bottom left	靠下左边
		bottom center	靠下中间
		bottom right	靠下右边
		x%　　y%	第一个值是水平位置，第二个值是垂直位置。左上角是 0% 0%，右下角是 100% 100%。如果仅规定了一个值，另一个值将是 50%

一般情况下，背景图片能够跟随网页内容整体上下滚动。如果定义的背景图片比较特殊，如水印或者窗口的背景，自然不希望这些背景图片在滚动网页时轻易消失。CSS 为了

解决这个问题提供了一个独特的属性：background-attachment，它能够固定背景图片始终显示在浏览器窗口中的某个位置，具体用法如下。

```
background-attachment:fixed|local|scroll
```

background-attachment 属性值如表 6-9 所示。

表 6-9　background-attachment 属性值

属性	描述	可用值	注释
background-attachment	用来设置背景图片的固定	scroll	默认值，背景图片相对于元素固定，背景随页面滚动而移动，即背景和内容绑定
		fixed	背景图片相对于视口固定，所以随页面滚动背景不动，相当于背景被设置在了 body 上
		local	背景图片相对于元素内容固定
		inhert	继承

说明：需要把 background-attachment 属性设置为"fixed"，才能保证该属性在 Firefox 和 Opera 中正常工作。

【例 6-10】启动 Visual Studio Code 编辑器，输入以下代码，设置背景图片的位置、定义背景图片。在浏览器中观察效果，文件名保存为 6-10.html。

```html
<!DOCTYPE html>
<html lang="en">
<head>
    <meta charset="UTF-8">
    <meta name="viewport" content="width=device-width, initial-scale=1. 0">
    <title>背景图片位置及固定</title>
    <style>
    body{background-image: url (img/timg1. jpg);/* 设置背景图片 */
    background-repeat: no-repeat;/* 背景图片不重复 */
    background-size: 300px 300px;/* 设置背景图片的大小 */
    background-position: left bottom;/* 设置背景图片的位置 */
    background-attachment: fixed;/* 将背景图片固定 */}
#box{float:right; /* 设置盒子的浮动 */
    width: 400px;/* 设置盒子的宽度 */}
    </style>
</head>
<body>
    <div id="box">
        <h4>钱塘湖春行</h4>
        <h5>【唐】白居易</h5>
        <p>孤山寺北贾亭西，</p>
        <p>水面初平云脚底。</p>
```

```
            <p>几处早莺争暖树，</p>
            <p>谁家新燕啄春泥，</p>
            <p>乱花渐欲迷人眼，</p>
            <p>浅草才能没马蹄。</p>
            <p>最爱湖东行不足，</p>
            <p>绿杨荫里白沙堤。</p>
        </div>
</body>
</html>
```

在浏览器中预览，设置背景图片固定与不固定所显示的效果如图6-15和图6-16所示。

图 6-15　背景图片固定

图 6-16　背景图片不固定

说明：例 6-10 将图片的位置设置成了 background-position: left bottom，即图片位置为靠左靠下，使用"background-attachment: fixed;"语句将其固定，显示效果如图 6-15 所示。如果没有该语句则显示的效果如图 6-16 所示。

子任务 10　背景样式综合设置

与 border 和 font 属性一样，background 也可以将各种关于背景的设置统一成一条语句，这样不仅可以节省大量代码，而且加快了下载页面的速度。例如：

```
background-color:blue;
background-image: url (img/timg1. jpg);
background-repeat: no-repeat;
background-attachment: fixed;
background-position: 5px 10px;
```

以上代码可以统一用 background 属性代替，具体如下。

```
background:blue url (img/timg1. jpg) no-repeat fixed 5px 10px;
```

两种属性声明的方法在显示效果上是完全一样的，第一种方法虽然代码长一些，但可读性强于第二种方法，读者可以根据自己的喜好选择使用。

项目实施

步骤 1：首先建立简单的页面框架，将《春节》整篇文章显示在页面中，效果如图 6-17 所示。

微课

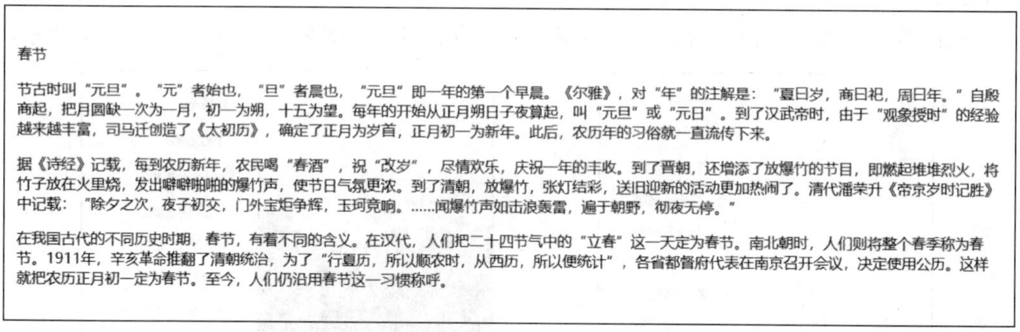

春节

节古时叫"元旦"。"元"者始也，"旦"者晨也，"元旦"即一年的第一个早晨。《尔雅》，对"年"的注解是："夏曰岁，商曰祀，周曰年。"自殷商起，把月圆缺一次为一月，初一为朔，十五为望。每年的开始从正月朔日子夜算起，叫"元旦"或"元日"。到了汉武帝时，由于"观象授时"的经验越来越丰富，司马迁创造了《太初历》，确定了正月为岁首，正月初一为新年。此后，农历年的习俗就一直流传下来。

据《诗经》记载，每到农历新年，农民喝"春酒"，祝"改岁"，尽情欢乐，庆祝一年的丰收。到了晋朝，还增添了放爆竹的节目，即燃起堆堆烈火，将竹子放在火里烧，发出噼噼啪啪的爆竹声，使节日气氛更浓。到了清朝，放爆竹，张灯结彩，送旧迎新的活动更加热闹了。清代潘荣升《帝京岁时记胜》中记载："除夕之次，夜子初交，门外宝炬争辉，玉珂竞响。……闻爆竹声如击浪轰雷，遍于朝野，彻夜无停。"

在我国古代的不同历史时期，春节，有着不同的含义。在汉代，人们把二十四节气中的"立春"这一天定为春节。南北朝时，人们则将整个春季称为春节。1911年，辛亥革命推翻了清朝统治，为了"行夏历，所以顺农时，从西历，所以便统计"，各省都督府代表在南京召开会议，决定使用公历。这样就把农历正月初一定为春节。至今，人们仍沿用春节这一习惯称呼。

图 6-17　文字输入

```
<!DOCTYPE html>
<html lang="en">
<head>
    <meta charset="UTF-8">
     <meta name="viewport" content="width=device-width, initial-scale=1. 0">
<title> 春节由来 </title>

    </head>
<body>

    <p> 春节 </p>
    <p><span> 春 </span>节古时叫"元旦"。"元"者始也，"旦"者晨也，"元旦"
```

即一年的第一个早晨。《尔雅》，对"年"的注解是："夏曰岁，商曰祀，周曰年。"自殷商起，把月圆缺一次为一月，初一为朔，十五为望。每年的开始从正月朔日子夜算起，叫"元旦"或"元日"。到了汉武帝时，由于"观象授时"的经验越来越丰富，司马迁创造了《太初历》，确定了正月为岁首，正月初一为新年。此后，农历年的习俗就一直流传下来。</p>
　　<p>据《诗经》记载，每到农历新年，农民喝"春酒"，祝"改岁"，尽情欢乐，庆祝一年的丰收。到了晋朝，还增添了放爆竹的节目，即燃起堆堆烈火，将竹子放在火里烧，发出噼噼啪啪的爆竹声，使节日气氛更浓。到了清朝，放爆竹，张灯结彩，送旧迎新的活动更加热闹了。清代潘荣升《帝京岁时记胜》中记载："除夕之次，夜子初交，门外宝炬争辉，玉珂竞响。……闻爆竹声如击浪轰雷，遍于朝野，彻夜无停。"</p>

<p> 在我国古代的不同历史时期，春节，有着不同的含义。在汉代，人们把二十四节气中的"立春"这一天定为春节。南北朝时，人们则将整个春季称为春节。1911 年，辛亥革命推翻了清朝统治，为了"行夏历，所以顺农时，从西历，所以便统计"，各省都督府代表在南京召开会议，决定使用公历。这样就把农历正月初一定为春节。至今，人们仍沿用春节这一习惯称呼。</p>
</body>
</html>

步骤 2：添加背景颜色、背景图片，效果如图 6-18 所示。

```css
<style type="text/css">
 body{
    background-color:#bb0102;    /* 页面背景颜色 */
    margin:0px;
    padding:0px;
    background-image: url（img/chujiebeijing.png）;/* 插入背景图片 */
    background-repeat: no-repeat;
    background-attachment: fixed;/* 将背景图片的位置固定 */
    background-position: right bottom;/* 设置背景图片的位置 */
    background-size: 400px;
}
</style>
```

步骤 3：设置标题居中、字体大小、字体类型，效果如图 6-19 所示。

```css
<style type="text/css">
.biaoti{font-size:60px;
       letter-spacing:40px;
       text-align: center;
       font-family: 黑体 ;}
</style>
```

图 6-18　添加背景颜色、背景图片

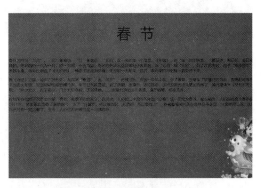

图 6-19　设置标题样式

步骤 4：插入图片，设置图片浮动、边框、大小、圆角，效果如图 6-20 所示。

```css
<style type="text/css">
img{
```

```
        float:left;                      /* 文字环绕图片 */
        border:#FCF dashed 1px;              /* 图片边框 */
        width:300px;
        height:200px;
        border-radius: 10px;       /* 设置图片的圆角 */
        margin:10px;}
</style>
```

步骤 5：对段落标签设置颜色及间距，效果如图 6-21 所示。

```
<style type="text/css">
p{
        color:#FFFF00;          /* 文字颜色 */
        margin:0px;
        padding-top:10px;              /* 段间距顶部 10px 距离 */
        padding-left:5px;              /* 段间距左边 5px 距离 */
        padding-right:5px;             /* 段间距右边 5px 距离 */
        line-height: 1. 6em;       /* 设置段落行高 */
}
</style>a
```

图 6-20　插入图片并设置样式

图 6-21　段落样式设置

步骤 6：设置首字下沉，效果如图 6-22 所示。

```
<style type="text/css">
p span{
        float:left;                                      /* 首字放大 */
        font-size:85px;
        font-family: 黑体 ;
        margin:0px;
        padding-right:5px;
        line-height: 1. 2em;
```

```
}</style>
```
步骤 7：设置第二段、第三段首行的缩进，效果如图 6-23 所示。
```
.sj{text-indent: 2em;}
```

图 6-22　首字下沉效果

图 6-23　项目完成效果

步骤 8：完整的代码如下，文件名保存为 6-11.html，效果如图 6-23 所示。

```
<!DOCTYPE html>
<html lang="en">
<head>
    <meta charset="UTF-8">
     <meta name="viewport" content="width=device-width, initial-
scale=1. 0">
<title>春节由来</title>
<style type="text/css">
body{
    background-color:#bb0102;    /* 页面背景颜色 */
    margin:0px;
    padding:0px;
    background-image: url（img/chujiebeijing.png）;
    background-repeat: no-repeat;
    background-attachment: fixed;
    background-position: right bottom;
    background-size: 400px;
}
img{
    float:left;                  /* 文字环绕图片 */
    border:#FCF dashed 1px;        /*图片边框 */
    width: 300px;
    height: 200px;
```

```
            border-radius: 10px;
            margin: 10px;
        }
        .biaoti{font-size:60px;
                letter-spacing:40px;
                text-align: center;}
        p{
            color:#FFFF00;                          /* 文字颜色 */
            margin:0px;
            padding-top:10px;
            padding-left:5px;
            padding-right:5px;
            line-height: 1. 6em;
        }
        span{
            float:left;
            font-size:85px;/* 首字放大 */
            font-family: 黑体 ;
            margin:0px;
            padding-right:5px;
            line-height: 1. 2em;
        }
        .sj{text-indent: 2em;}
    </style>
    </head>
<body>
        <img src="img/chu1. jpg">
        <p class="biaoti"> 春节 </p>
```

　　<p><span> 春 </span> 节古时叫 "元旦"。"元"者始也，"旦"者晨也，"元旦"即一年的第一个早晨。《尔雅》，对 "年"的注解是："夏曰岁，商曰祀，周曰年。"自殷商起，把月圆缺一次为一月，初一为朔，十五为望。每年的开始从正月朔日子夜算起，叫 "元旦"或 "元日"。到了汉武帝时，由于 "观象授时"的经验越来越丰富，司马迁创造了《太初历》，确定了正月为岁首，正月初一为新年。此后，农历年的习俗就一直流传下来。</p>

　　<p class="sj">据《诗经》记载，每到农历新年，农民喝 "春酒"，祝 "改岁"，尽情欢乐，庆祝一年的丰收。到了晋朝，还增添了放爆竹的节目，即燃起堆堆烈火，将竹子放在火里烧，发出噼噼啪啪的爆竹声，使节日气氛更浓。到了清朝，放爆竹，张灯结彩，送旧迎新的活动更加热闹了。清代潘荣升《帝京岁时记胜》中记载："除夕之次，夜子初交，门外宝炬争辉，玉珂竞响。……闻爆竹声如击浪轰雷，遍于朝野，彻夜无停。"</p>

```
<p class="sj">在我国古代的不同历史时期，春节，有着不同的含义。在汉代，
```
人们把二十四节气中的"立春"这一天定为春节。南北朝时，人们则将整个春季称为春
节。1911 年，辛亥革命推翻了清朝统治，为了"行夏历，所以顺农时，从西历，所以便
统计"，各省都督府代表在南京召开会议，决定使用公历。这样就把农历正月初一定为春
节。至今，人们仍沿用春节这一习惯称呼。</p>
```
</body>
</html>
```

项目总结

本项目主要学习了设置背景颜色、背景图片、图片的边框颜色、边框粗细、边框样式
等属性，掌握图片浮动设置的方法属性，理解这些属性的作用及展示出来的效果，明确这
些属性的使用。

本项目知识点总结如表 6-10 所示。

表 6-10　图片及背景图片的属性

属性	描述	可用值	注释
border-style	用于设置元素边框的样式	none	定义无边
		hidden	与 none 相同，对于表，用于解决边框冲突
		dotted	定义点状边框。在大多数浏览器中显示为实线
		dashed	定义虚线。在大多数浏览器中显示为实线
		soild	定义实线
		double	定义双线。双线的宽等于 border-width 的值
		groove	定义 3D 凹槽边框。其效果取决于 border-color 的值
		ridge	定义 3D 垄状边框。其效果取决于 border-color 的值
		inset	定义 3D inset 边框。其效果取决于 border-color 的值
		outset	定义 3D outset 边框。其效果取决于 border-color 的值
		inherit	规定应该从父元素继承边框样式
border-width	用于设置元素边框的粗细	thin	定义细边框
		medium	定义中等边框（默认粗细）
		thick	定义粗边框
		length	自定义边框宽度（如 1px）
border-color	用于设置元素边框的颜色	transparent	默认值，边框为透明
		输入颜色值	

属性	描述	可用值	注释
background-color	用来设置背景颜色	color-十六进制	十六进制颜色格
		color-RGB	RGB 颜色格式
		color-name	颜色的英文名称
		color-transparent	颜色的不透明
background-image	用来设置背景图片	URL	图片地址
		none	无
		inherit	继承
background-repeat	用来设置背景图片的平铺方式	repeat	平铺
		repeat-x	横向平铺
		repeat-y	纵向平铺
		no-repeat	不重复
		inherit	继承
background-size	用来设置背景图片的大小	length	由浮点数字和单位标识符组成的长度值。不可为负值
		percentage	取值为 0% ~ 100% 的值。不可为负值
		cover	此时会保持图像的纵横比，并将图像缩放成完全覆盖背景定位区域的最小大小
		contain	此时会保持图像的纵横比，并将图像缩放成适合背景定位区域的最大大小
background-position	用来设置背景图片的位置	top left	靠上左边
		top center	靠上中间
		top right	靠上右边
		center left	中部左边
		center center	中部中间
		center right	中部右边
		bottom left	靠下左边
		bottom center	靠下中间
		bottom right	靠下右边
		x% y%	第一个值是水平位置，第二个值是垂直位置。左上角是 0% 0%，右下角是 100% 100%。如果仅规定了一个值，另一个值将是 50%
background-attachment	用来设置背景图片的固定	scroll	默认值，背景图片相对于元素固定，背景随页面滚动而移动，即背景和内容绑定
		fixed	背景图片相对于视口固定，所以随页面滚动背景不动，相当于背景被设置在了 body 上
		local	背景图片相对于元素内容固定
		inhert	继承

　　启动 Visual Studio Code 编辑器，参照图 6-24 所示的效果，完成《北京市旅游景点》的图文混排，保存为 6-12.html。

北京市旅游景点

故宫博物院

 故宫博物院是在明、清两代皇宫及其收藏的基础上建立起来的中国综合性博物馆。其位于北京市中心，前通天安门，后倚景山，东近王府井街市，西临中南海。1961年，经国务院批准，故宫被定为全国第一批重点文物保护单位。1987年，故宫被联合国教科文组织列入"世界文化遗产"名录。1987年，故宫被联合国教科文组织列入"世界文化遗产"名录。依照中国古代星象学说，紫微垣（即北极星）位于中天，乃天帝所居，天人对应，是以皇帝的居所又称紫禁城。明代第三位皇帝朱棣在夺取帝位后，决定迁都北京，即开始营造这座宫殿，至明永乐十八年（1420年）落成。1911年，辛亥革命推翻了中国最后的封建帝制--清王朝，1924年逊帝溥仪被逐出宫禁。在这前后五百余年中，共有24位皇帝曾在这里生活居住和对全国实行统治。

北京八达岭·慕田峪长城

 旅游区长城中外闻名，中国很多地方有长城，国内最著名的名为八达岭长城，国外最著名的名为慕田峪长城。八达岭长城，位于北京市延庆区军都山关沟古道北口。是中国古代伟大的防御工程万里长城的重要组成部分，是明长城的一个隘口。八达岭长城为居庸关的重要前哨，古称"居庸之险不在关而在八达岭"。八达岭长城是明长城向游人开放最早的地段。1961年3月"万里长城——八达岭"被确定为第一批国家级文物保护单位。1961年，国务院确定八达岭关城和城墙为全国重点文物保护单位。1982年被列为国家重点风景名胜区；八达岭为北京八达岭—十三陵风景名胜区的重要组成部分，被国务院批准列入第一批国家级风景名胜区名单。1986年，八达岭被评为新北京十六景之一，全国十大风景名胜之首。1987年被联合国教科文组织列入《世界文化遗产名录》。

天坛公园

 天坛在北京市东南部，崇文区永定门内大街东侧，占地约270万平方米，是中国现存最大的古代祭祀性建筑群。今日天安门东侧的劳动人民文化宫就是当年皇帝祭祖的地方，西侧的中山公园是祭祀丰收神即五谷耕地之所。在整个北京城里，北有地坛祭地，南有天坛祭天，东有日坛祭太阳，西有月坛祭月亮，其中天坛最为光彩夺目、气宇非凡。天坛始建于明永乐十八年（1420年），清乾隆、光绪时曾重修改建。为明、清两代帝王祭祀皇天、祈五谷丰登之场所。天坛是圜丘、祈谷两坛的总称，有坛墙两重，形成内外坛，坛墙南方北圆，象征天圆地方。主要建筑在内坛，圜丘坛在南、祈谷坛在北，二坛同在一条南北轴线上，中间有墙相隔。圜丘坛内主要建筑有圜丘坛、皇穹宇等等；祈谷坛内主要建筑有祈年殿、皇乾殿、祈年门等。

颐和园

 颐和园是中国现存规模最大、保存最完整的皇家园林，中国四大名园（另三座为承德避暑山庄、苏州拙政园、苏州留园）之一。位于北京市海淀区，距北京城区十五公里，占地约二百九十公顷。利用昆明湖、万寿山为基址，以杭州西湖风景为蓝本，汲取江南园林的某些设计手法和意境而建成的一座大型天然山水园，也是保存得最完整的一座皇家行宫御苑，被誉为皇家园林博物馆。颐和园（SummerPalace）原是清朝帝王的行宫和花园，前身清漪园，为三山五园（三山是指万寿山、香

图 6-24　图文混排效果

项目 7 使用 CSS 制作实用菜单

项目目标

知识目标

1. 掌握无序列表设置为导航栏的方法。

2. 了解有序列表、定义列表的使用。

3. 掌握 display 属性的使用。

4. 掌握超链接的使用。

5. 掌握伪类别属性的使用。

技能目标

1. 能将列表签标设置为导航栏。使用 CSS 美化列表。

2. 使用 CSS 转换横向和纵向列表，能够制作横向和纵向导航栏。使用伪类别属性制作鼠标指针移动到超链接上时的样式。

3. 使用 CSS 制作下拉菜单，能够制作带下拉菜单的导航条。使用伪类别属性制作鼠标指针经过超链接上时的样式。

项目描述

导航条也称为菜单，它在网页中占有很重要的位置，利用它可以打开网站的各个功能版块。如果没有导航栏，我们无法将网站的功能完整地体现在页面上。本项目将制作一个带有下拉菜单的横向导航条。

项目分析

1. 首先建立简单的页面框架，使用无序列表将一级、二级导航条显示在页面中。

2. 一级导航条的字体、背景都有颜色，每个栏目有虚线边框效果，当鼠标指针划过相应栏目时，字体及背景颜色将发生变化。

3. 二级导航条是隐藏的，只有当鼠标指针划过一级导航相对应的栏目时，才能显示出来。

4. 当鼠标指针划过二级导航条时，其字体及背景颜色将发生变化。

项目完成的最终效果如图 7-1 所示。

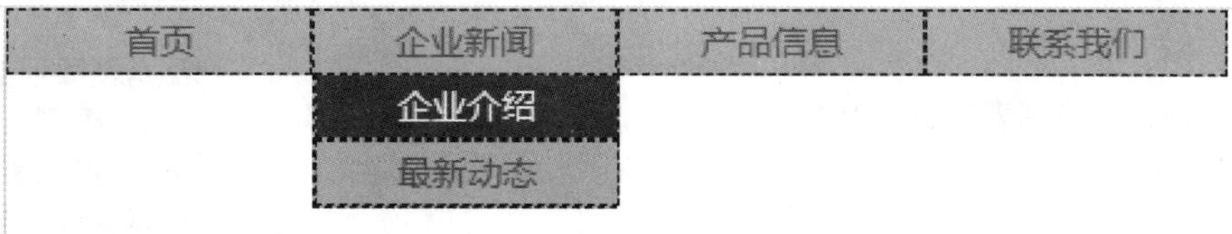

图 7-1　项目完成的最终效果

知识引入

子任务 1　使用无序列表

微课

无序列表用于将一组相关的列表项目排列在一起，列表中的项目没有特别的先后顺序。无序列表使用一组<ul></ul>标签，标签中包含有很多组<li></li>，其中每组均为一条列表。其结构形式如下。

```
<ul>
    <li>……</li>
    <li>……</li>
</ul>
```

多层<ul>无序列表标签嵌套时，应将<ul>标签放在<li>标签内：

```
<ul>
    <li>
        <ul><li>嵌套列表项目</li></ul>
</li>
  </ul>
```

【例 7-1】启动 Visual Studio Code 编辑器，输入以下代码，文件名保存为 7-1.html。

```
<!DOCTYPE html>
<html lang="en">
<head>
    <meta charset="UTF-8">
     <meta name="viewport" content="width=device-width, initial-
scale=1. 0">
    <title>无序列表的使用</title>
</head>
<body>
    <ul>
      <li>一级列表项目 1
         <ul>
             <li>二级列表项目 1</li>
```

```
            <li>二级列表项目 2</li>
          </ul>
        </li>
      <li>一级列表项目 2</li>
    </ul>
</body>
</html>
```

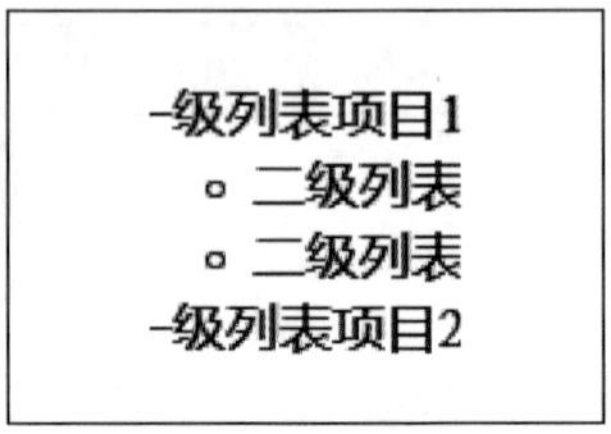

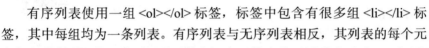

在浏览器中预览，其显示效果如图 7-2 所示。

图 7-2　无序列表的使用

说明：浏览器对无序列表的默认解析是有规律的。无序列表可以分为一级无序列表和多级无序列表，一级无序列表在浏览器解析后，会在列表 <li> 标签前面添加一个小黑点的修饰符，而多级无序列表则会根据级数而改变列表前面的修饰符。

子任务 2　使用有序列表

微课

有序列表使用一组 <ol></ol> 标签，标签中包含有很多组 <li></li> 标签，其中每组均为一条列表。有序列表与无序列表相反，其列表的每个元素都会有序列之分，从上至下以数字、字母等多种不同形式显示。一般网页设计中，列表结构可以互用有序列表或无序列表。但是，在强调项目排序的栏目中，选用有序列表会更科学，如新闻列表（根据新闻时间排序）、排行榜（强调项目的名次）等。其结构形式如下。

```
<ol>
    <li>……</li>
    <li>……</li>
</ol>
```

【例 7-2】启动 Visual Studio Code 编辑器，输入以下代码，文件名保存为 7-2.html。

```
<!DOCTYPE html>
<html lang="en">
<head>
    <meta charset="UTF-8">
     <meta name="viewport" content="width=device-width, initial-scale=1. 0">
    <title>有序列表的使用</title>
</head>
<body>
    <ol>
      <li>一级列表项目 1
        <ol>
            <li>二级列表项目 1</li>
            <li>二级列表项目 2</li>
        </ol>
      </li>
```

```
        <li> 一级列表项目 2</li>

    </ol>
</body>
</html>
```

```
1. 一级列表项目1
   1. 二级列表项目1
   2. 二级列表项目2
2. 一级列表项目2
```

在浏览器中预览，其显示效果如图 7-3 所示。

图 7-3　有序列表的使用

说明：有序列表也可分为一级有序列表和多级有序列表，浏览器默认解析时都是将有序列表以阿拉伯数字表示，并增加缩进。

子任务 3　使用定义列表

微课

定义列表是一种缩进样式的列表，设计的本意是要用于定义术语。在代码中使用 <dl> 来创建定义列表。在列表中使用 <dt> 来定义页面中的每一行。用 <dd> 来定义缩进行。其结构形式如下。

```
<dl>
    <dt>定义列表标题 </dt>
    <dd>定义列表内容 1. 1</dd>
    <dd>定义列表内容 1. 2</dd>
</dl>
```

也可以是多个组合形式：

```
<dl>
    <dt>定义列表标题 1</dt>
    <dd>定义列表内容 1</dd>
    <dt>定义列表标题 2</dt>
    <dd>定义列表内容 2</dd>
</dl>
```

【例 7-3】启动 Visual Studio Code 编辑器，输入以下代码，文件名保存为 7-3.html。

```
<!DOCTYPE html>
<html lang="en">
<head>
    <meta charset="UTF-8">
    <meta name="viewport" content="width=device-width, initial-scale=1. 0">
    <title>定义列表 </title>
</head>
<body>
    <h3>镜头画面的剪辑 </h3>
<dl>
<dt> 分剪 </dt>
```

107

```
<dd> 一个镜头分成两个或两个以上的镜头使用。</dd>
<dt> 挖剪 </dt>
<dd> 将一个完整镜头中的动作、人和物运动镜头在运动中的某一部位上多余的部分挖剪
去。</dd>
<dt> 拼剪 </dt>
<dd> 将一个镜头重复拼接。</dd>
</dl>


</body>
</html>
```

在浏览器中预览，其显示效果如图 7-4 所示。

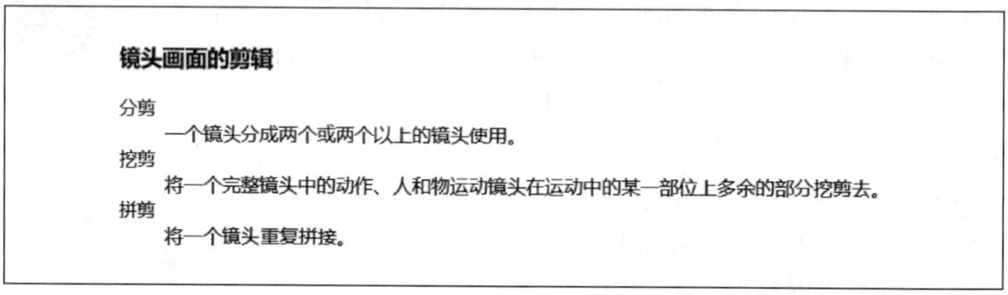

镜头画面的剪辑

分剪
　　一个镜头分成两个或两个以上的镜头使用。
挖剪
　　将一个完整镜头中的动作、人和物运动镜头在运动中的某一部位上多余的部分挖剪去。
拼剪
　　将一个镜头重复拼接。

图 7-4　定义列表的使用

说明：在上面的结构中，"分剪"是一个标题，定义列表内容主要是对该标题的相关介绍。

子任务 4　定义列表项目符号属性的使用

CSS 使用 list-style-type 属性定义列表项目符号的类型，该属性的取值说明如表 7-1 所示。

微课

表 7-1　list-style-type 属性值及其显示效果

关键字	显示效果
dic	实心圆
circle	空心圆
square	正方形
decimal	1，2，3，4，5，6，…
upper-alpha	A，B，C，D，E，F，…
lower-alpha	a，b，c，d，e，f，…
upper-romman	I，II，III，IV，V，IV，VII，…
lower- romman	i，ii，iii，iv，v，vi，…
none	不显示任何符号

【例 7-4】启动 Visual Studio Code 编辑器，输入以下代码，文件名保存为 7-4.html。

```html
<!DOCTYPE html>
<html lang="en">
<head>
    <meta charset="UTF-8">
     <meta name="viewport" content="width=device-width, initial-scale=1. 0">
    <title> 项目列表 </title>
<style type="text/css">
body{
    background-color:#c1daff;
}
ul{
    font-size:0.9em;
    color:#00458c;
    list-style-type:decimal;            /* 项目编号 */
}
</style>
    </head>
<body>
<p> 水上运动 </p>
<ul>
    <li>freestyle 自由泳 </li>
    <li>backstroke 仰泳 </li>
    <li>breaststroke 蛙泳 </li>
    <li>butterfly 蝶泳 </li>
    <li>individual medley 个人混合泳 </li>
    <li>freestyle relay 自由泳接力 </li>
</ul>
</body>
</html>
```

在浏览器中预览，其显示效果如图 7-5 所示。

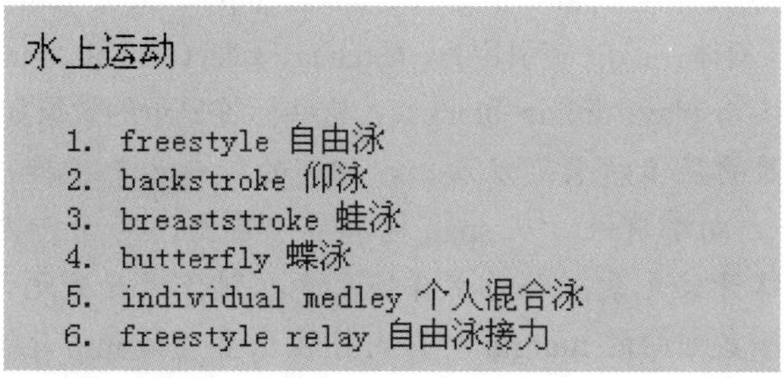

图 7-5 list-style-type 属性的使用

项目 ⑦ 使用 CSS 制作实用菜单

子任务 5　display 属性的使用

在常规网页设计中，CSS 把标签分为两种基本显示形态：block（块级）和 inline（内联）。块级元素的宽度一般为 100%，占据一行，即使宽度不为 100%，块级元素也始终占据一行。内联元素没有固定的大小，定义它的 width 和 height 属性无效。内联元素可以在行内自由流动，但可以定义边界、补白、边框和背景，它显示的高度和宽度只能够根据所包的高度和宽度来确定。

（1）常用的块级元素有 div、p、h1 ～ h6、ul、ol、dl、li、dd、table、hr、blockquote、address、menu、pre，HTML5 新增的 header、section、aside、footer 等，这些标签显示的效果如图 7-6 所示。

说明：从浏览器的显示结果可以看出，块级元素新开启一行（即使是设置了 width 属性也是独占一行）、尽可能撑满父级元素的宽度，可以设置 width 和 height 属性；table 元素浏览器默认的 display 属性为 table。

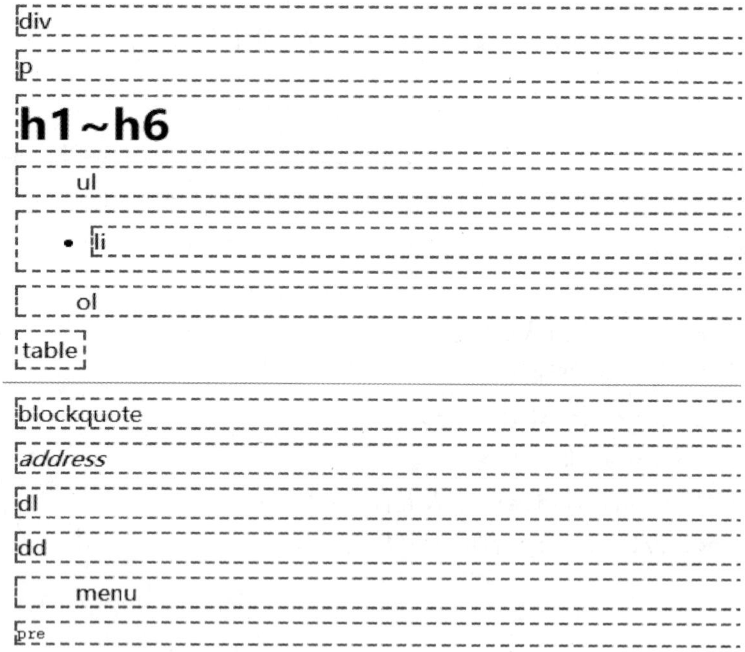

图 7-6　块级元素显示效果图

（2）常用的内联元素有 span、img、a、label、input、abbr（缩写）、em（强调）、big、cite（引用）、i（斜体）、q（短引用）、textarea、select、small、sub、sup、strong、u（下划线）、button（默认 display：inline-block），这些标签显示的效果如图 7-7 所示。

说明：从浏览器的显示结果可以看出，相邻的行内元素不换行，宽度即内容的宽度、padding 的 4 个方向都有效（从 span 标签可以看出，对于行内非替换元素，不会影响其行高，不会撑开父元素；而对于替换元素，则会撑开父元素）、margin 只有水平方向有效［其中垂直方向的 margin 对行内替换元素（如 img 元素）有效，对行内非替换元素无效］、不可以设置 width 和 height 属性。行内块元素表现其实与行内元素一样，只是其可以设置 width 和 height 属性。

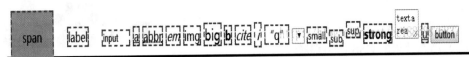

图 7-7　内联元素显示效果

可以使用 display 属性来改变元素显示的类型。其用法如下。

display：属性值

display 属性值如表 7-2 所示。

表 7-2　display 属性值

值	描述
block	块级元素的默认值。元素会被显示为块级元素，该元素前后会带有换行符
inline	内联元素的默认值。元素会被显示为内联元素，该元素前后没有换行符
inline-block	行内块元素。元素既具有内联元素的特性，也具有块元素的特性
none	设置元素不会被显示

子任务 6　使用超链接

微课

（1）超链接是通过标签 `<a>` 来实现的，链接的具体地址则利用 `<a>` 标签的 href 属性，其用法如下。

`<a href="# ">链接文本</a>`

说明：# 表示的是空链接。

例如：以下代码定义一个超链接文本，单击该文本将跳转到百度首页。

`<a https://www.baidu.com>百度一下</a>`

用来定义超链接的对象可以是一段文本或者一张图片，甚至是页面任何对象。当浏览者单击已经绑定链接的文字或图片后，被链接的文档显示在浏览器上，并且根据目标类型来打开或运行。

【例 7-5】启动 Visual Studio Code 编辑器，输入以下代码，为图像绑定一个超链接，这样当用户单击图像时，会跳转到指定的网址，文件名保存为 7-5.html。

```
<!DOCTYPE html>
<html lang="en">
<head>
    <meta charset="UTF-8">
     <meta name="viewport" content="width=device-width, initial-scale=1. 0">
    <title>图片链接</title>
</head>
<body>
 <a href="https://www.baidu.com"><img src="img/baidu.png"></a>
```

```
</body>
</html>
```

在浏览器中预览，其显示效果如图 7-8 所示。

（2）动态效果的 CSS 伪类别属性。

CSS 伪类别属性如表 7-3 所示。

图 7-8 超链接的使用

表 7-3 CSS 伪类别属性

属　性	说　明
a:link	超链接的普通样式，即正常浏览状态的样式
a:visited	被单击过的超链接的样式
a:hover	鼠标指针经过超链接上时的样式
a:active	在超链接上单击时，即"当前激活"时，超链接的样式

子任务 7 制作简单的纵向导航条

微课

本任务主要是从最基础的纵向导航条开始学习，通过使用无序列表、设置超链接标签，以及超链接的不同状态来实现。具体的操作步骤如下。

步骤 1：首先建立简单的页面框架，使用无序列表、<a> 标签将导航栏的文字显示在页面中。效果如图 7-9 所示。

```html
<!DOCTYPE html>
<html lang="en">
<head>
    <meta charset="UTF-8">
    <meta name="viewport" content="width=device-width, initial-scale=1. 0">
    <title> 设置纵向导航条 </title>
</head>
<body>
    <ul>
        <li><a href="#"> 女装 </a></li>
        <li><a href="#"> 男装 </a></li>
        <li><a href="#"> 女鞋 </a></li>
        <li><a href="#"> 美妆 </a></li>
        <li><a href="#"> 母婴玩具 </a></li>
        <li><a href="#"> 生鲜水果 </a></li>
    </ul>
</body>
</html>
```

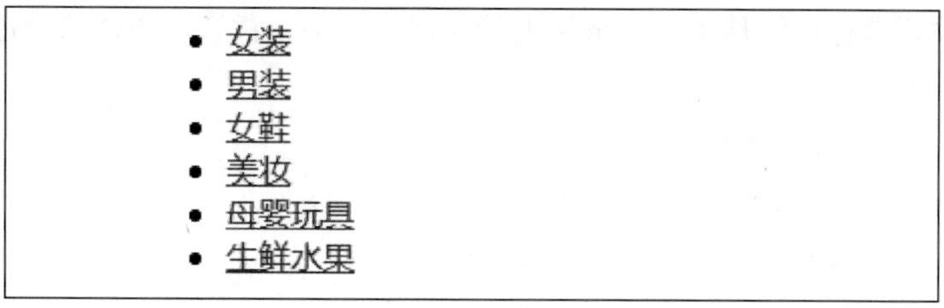

图7-9　使用无序列表输入导航栏的内容

步骤2：消除列表项前的项目符号并设置样式，效果如图7-10所示。

```
<style type="text/css">
        ul li{list-style-type: none;/* 设置列表项目无符号 */
            width: 100px;/* 设置列表宽度为100px*/
            height: 30px;/* 设置列表高度为30px*/
            line-height: 30px;/* 设置行高为30px*/
            margin-bottom: 1px;/* 设置各列表项之间的底部间距为1px*/
            text-align:center;/* 设置文字在列表项的对齐方式为居中 */
        }
</style>
```

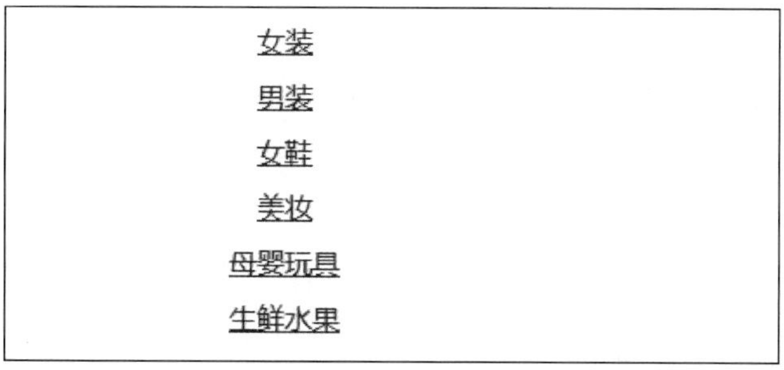

图7-10　列表样式的设置

步骤3：设置超链接样式，包括消除下划线，设置文字大小和颜色、背景颜色和边框，效果如图7-11所示。

```
<style type="text/css">
        ul li a{text-decoration: none;/* 取消下划线 */
            display: block;/* 将a标签转为块级元素 */
            background-color:darkgray;/* 设置背景颜色为灰色 */
            color: floralwhite;/* 设置字体的颜色白色 */
            font-weight: bold;
            font-size: 14px;
                border-left:lightpink 10px solid;/* 设置左边框的颜
色、粗细、线型 */
        }

</style>
```

步骤 4：设置鼠标指针移动到超链接上的时候，文字、背景、边框的颜色都发生变化。效果如图 7-12 所示。

```css
<style type="text/css">
        ul li a:hover{color: mediumblue;
      background-color: cornflowerblue;
        border-left:coral 10px solid;}
</style>
```

步骤 5：将文件保存为 7-6.html。最终效果如图 7-13 所示，完整代码如下。

图 7-11　设置超链接样式　　　图 7-12　超链接的伪类样式　　　图 7-13　纵向导航条制作完成效果

```html
<!DOCTYPE html>
<html lang="en">
<head>
    <meta charset="UTF-8">
    <meta name="viewport" content="width=device-width, initial-scale=1.0">
    <title>设置纵向导航条</title>
    <style type="text/css">
        ul li{list-style-type: none;/* 设置列表项目无符号 */
            width: 100px;/* 设置列表宽度为100px */
            height: 30px;/* 设置列表高度为30px*/
            line-height: 30px;/* 设置行高为30px*/
            margin-bottom: 1px;/* 设置各列表项之间的底部间距为1px*/
            text-align:center;/* 设置文字在列表项的对齐方式为居中 */
        }
        ul li a{text-decoration: none;/* 取消下划线 */
            display: block;/* 将a标签转换为块级元素 */
            background-color:darkgray;/* 设置背景颜色为灰色 */
            color: floralwhite;/* 设置字体的颜色为白色 */
            font-weight: bold;
            font-size: 14px;
                border-left:lightpink 10px solid;/* 设置左边框的颜
```

色、粗细、线型 */
```
                }
        ul li a:hover{color: mediumblue;
        background-color: cornflowerblue;
         border-left:coral 10px solid;}
    </style>
</head>
<body>
    <ul>
        <li><a href="#"> 女装 </a></li>
        <li><a href="#"> 男装 </a></li>
        <li><a href="#"> 女鞋 </a></li>
        <li><a href="#"> 美妆 </a></li>
        <li><a href="#"> 母婴玩具 </a></li>
        <li><a href="#"> 生鲜水果 </a></li>
    </ul>
</body>
</html>
```

微课

子任务 8　制作横向导航条

本任务制作的是当鼠标指针移过去发生变化的横向导航条，无须用无序列表，直接使用超链接标签 <a> 来实现。具体的操作步骤如下。

步骤 1：首先建立简单的页面框架，使用 <a> 标签将导航条显示在页面中，效果如图 7-14 所示。

```
<!DOCTYPE html>
<html lang="en">
<head>
    <meta charset="UTF-8">
     <meta name="viewport" content="width=device-width, initial-
scale=1. 0">
    <title> 横向导航条 </title>
</head>
<body>
    <div>
        <a href="#"> 尚天猫 </a>
        <a href="#"> 喵鲜生 </a>
        <a href="#"> 天猫会员 </a>
        <a href="#"> 电器城 </a>
        <a href="#"> 天猫超市 </a>
```

```
    </div>
</body>
</html>
```

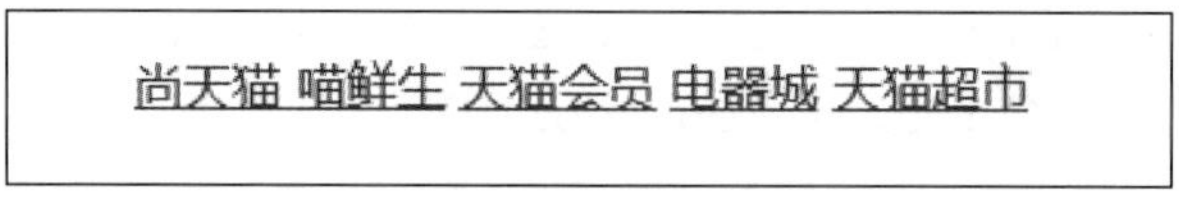
尚天猫 喵鲜生 天猫会员 电器城 天猫超市

图 7-14　导航条显示在页面

步骤 2：设置背景颜色，效果如图 7-15 所示。

```
<style type="text/css">
     body{ background-color: cornflowerblue;}
    </style>
```

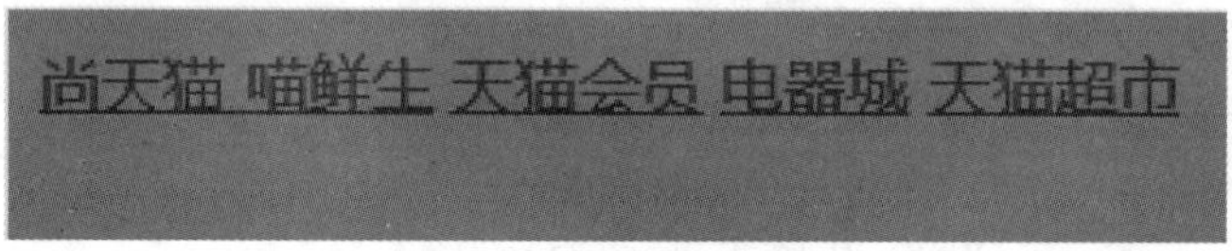
尚天猫 喵鲜生 天猫会员 电器城 天猫超市

图 7-15　设置背景颜色

步骤 3：设置超链接标签 <a> 的样式，包括消除下划线，设置宽度、高度、居中对齐、边框的粗细、大小、颜色等，效果如图 7-16 所示。

```
<style type="text/css">
     .nav a{ display: block;/* 将 a 标签转换为块级元素 */
            padding: 3px 6px 3px 6px;/* 设置链接内容到边框的间距 */
            text-decoration: none;/* 取消链接下划线 */
            border:1px solid #711515;/* 设置链接边框效果 */
            width: 78px;/* 设置链接宽度 */
            height: 30px;/* 设置链接高度 */
            float: left;/* 设置块级元素左浮 */
            margin: 2px;/* 设置链接的边距 */
            line-height: 30px;/* 设置内容垂直居中 */
            text-align: center;/* 设置内容水平居中 */
            }
    </style>
```

尚天猫
喵鲜生
天猫会员
电器城
天猫超市

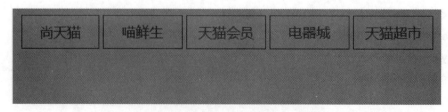

图 7-16　设置超链接样式

步骤 4：最后设置超链接的 3 个伪类属性，当鼠标指针经过时改变背景颜色及字体颜色，以实现动态菜单的效果，如图 7-17 所示。

```
<style type="text/css">
.nav  a:link, .nav a:visited{background-color:#c11136;/* 设置背景色 */
        color: cornsilk;/* 设置字体的颜色 */}
    .nav a:hover{background-color: #990022;
                color:#ffff00;}
    </style>
```

图 7-17　横向导航条制作完成效果

步骤 5：完整的代码如下，结果文件保存为 7-7.html。

```
<!DOCTYPE html>
<html lang="en">
<head>
    <meta charset="UTF-8">
    <meta name="viewport" content="width=device-width,  initial-
scale=1. 0">
    <title> 横向导航条 </title>
    <style type="text/css">
      body{ background-color: cornflowerblue;}
      .nav a{ display: block;/* 将 a 标签转换为块级元素 */
            padding: 3px 6px 3px 6px;/* 设置链接内容到边框的间距 */
            text-decoration: none;/* 取消链接下划线 */
            border:1px solid #711515;/* 设置链接边框效果 */
            width: 78px;/* 设置链接宽度 */
            height: 30px;/* 设置链接高度 */
            float: left;/* 设置块级元素左浮 */
            margin: 2px;/* 设置链接的边距 */
            line-height: 30px;/* 设置内容垂直居中 */
            text-align: center;/* 设置内容水平居中 */
            }
    .nav  a:link, .nav a:visited{background-color:#c11136;/* 设置背
景色 */
        color: cornsilk;/* 设置字体的颜色 */}
    .nav a:hover{background-color: #990022;
                color:#ffff00;}
    </style>
</head>
```

```html
<body>
    <div class="nav">
        <a href="#">尚天猫 </a>
        <a href="#">喵鲜生 </a>
        <a href="#">天猫会员 </a>
        <a href="#">电器城 </a>
        <a href="#">天猫超市 </a>
    </div>
</body>
</html>
</html>
```

■ 项目实施

步骤1：首先建立简单的页面框架，将导航条的一级、二级菜单显示在页面中，效果如图7-18所示。

```html
<!DOCTYPE html>
<html lang="en">
<head>
    <meta charset="UTF-8">
    <meta name="viewport" content="width=device-width, initial-scale=1. 0">
    <title>制作带下拉菜单的横向导航条 </title>
</head>
<body>
    <ul>
        <li><a href="#">首页 </a>
            <ul>
                <li><a href="#">最新更新 </a></li>
                <li><a href="#">下载排行 </a></li>
            </ul>
        </li>
        <li><a href="#">企业新闻 </a>
            <ul>
                <li><a href="#">企业介绍 </a></li>
                <li><a href="#">最新动态 </a></li>
            </ul>
        </li>
        <li><a href="#">产品信息    </a>
```

```
        <ul>
            <li><a href="#">最新产品 </a></li>
            <li><a href="#">产品列表 </a></li>
        </ul>
            </li>
    <li><a href="#">联系我们 </a>
        <ul>
            <li><a href="#">公司信息 </a></li>
            <li><a href="#">联系我们 </a></li>
        </ul>
        </li>
    </ul>
</body>
</html>
```

步骤 2：设置整体页面所有标签的通用属性。

```
*{margin: 0; /* 设置页面所有标签的外边距为 0*/
    padding: 0; /* 设置页面所有标签的内边距为 0*/
}
```

步骤 3：设置 <li> 标签的样式，效果如图 7-19 所示。

```
<style type="text/css">
    li{list-style-type: none;/* 设置列表无编号 */
    text-align: center;/* 文本居中 */
    line-height: 24px;}
</style>
```

步骤 4：设置 <a> 标签超链接的样式，效果如图 7-20 所示。

```
<style type="text/css">
    a{
    text-decoration: none;/* 设置超链接无下划线 */
    color: dodgerblue; /* 设置超链接文字颜色 */
    display: block;/* 将 <a> 标签转换为块级元素 */
    font-size: 14px;/* 设置超链接文字的大小 */
    }

</style>
```

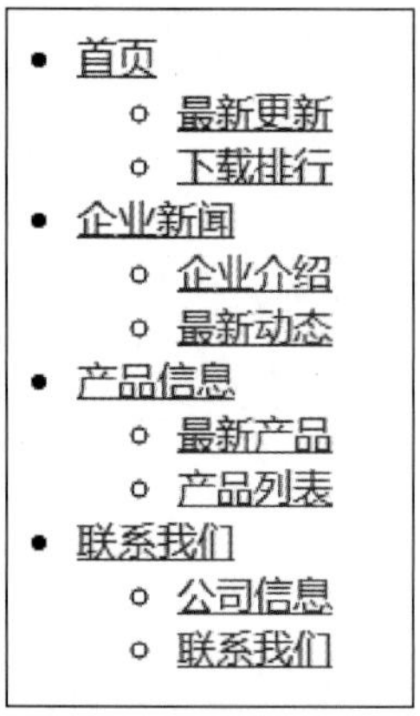

图 7-18　显示导航条的
一级、二级菜单

图 7-19　设置 <li> 标签
的样式

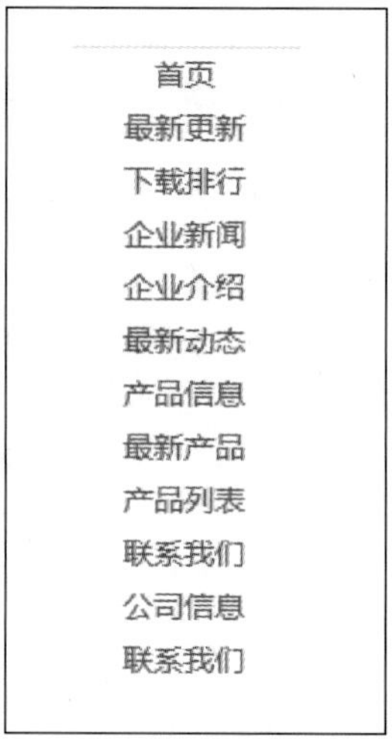

图 7-20　设置超链接
的样式

步骤 5：设置第一级列表的 <li> 样式，效果如图 7-21 所示。

```
<style type="text/css">
ul li{
    float: left;/* 设置 <li> 标签向左浮动 */
    background-color: thistle;/* 设置 <li> 标签的背景色 */
    border:mediumblue 1px dashed;/* 设置 <li> 标签的边框颜色、粗细及
线型 */
    width: 120px;/* 设置 <li> 标签的宽度为 120px*/}
</style>
```

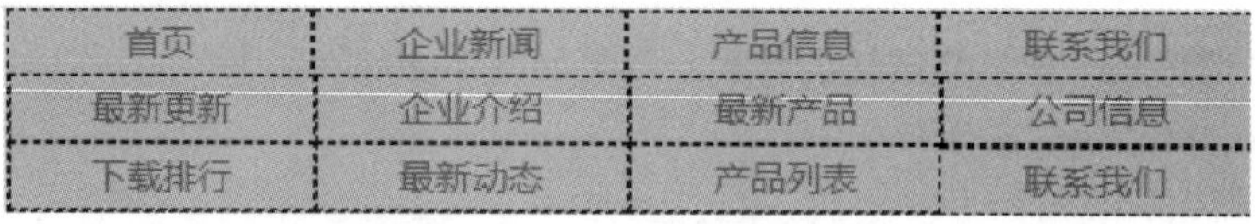

图 7-21　设置第一级列表样式

步骤 6：隐藏二级菜单，效果如图 7-22 所示。

```
<style type="text/css">
    ul li ul li{display: none;/* 设置 2 级菜单默认隐藏 */}
</style>
```

图 7-22　隐藏二级菜单

步骤 7：设置一级菜单中 <li> 标签下 <a> 标签的 hover 状态样式，效果如图 7-23 所示。

```
<style type="text/css">
    ul li a:hover{ color: mintcream;
            background-color: royalblue;}
</style>
```

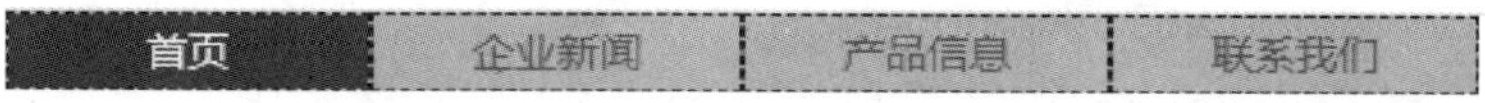

图 7-23　设置一级菜单的伪类样式

步骤 8：显示二级菜单。要显示被隐藏的二级菜单，需要设置 display 属性为 block，效果如图 7-24 所示。

```
<style type="text/css">
        ul li:hover ul li {
display: block;/* 设置 display 属性为 block，即显示 */
        width: 120px;/* 设置二级菜单的宽度 */
        height: 24px;/* 设置二级菜单的高度 */}
</style>
```

图 7-24　显示二级菜单

步骤 9：设置二级菜单 hover 状态时的样式，效果如图 7-25 所示。

```
<style type="text/css">
    ul  ul li a:hover{color: seashell;
                background-color: slateblue;}
</style>
```

图 7-25　设置二级菜单的伪类样式

步骤 10：将文件保存为 7-8.html。最终效果如图 7-25 所示。完整代码如下。

```
<!DOCTYPE html>
<html lang="en">
<head>
    <meta charset="UTF-8">
     <meta name="viewport" content="width=device-width, initial-scale=1. 0">
    <title> 制作带下拉菜单的横向导航条 </title>
    <style type="text/css">
    *{margin: 0;padding: 0;}
      li{list-style-type: none;/* 设置列表无编号 */
      text-align: center;/* 文本居中 */
      line-height: 24px;}
      a{
```

```
            text-decoration: none;
            color: dodgerblue;
            display: block;
            font-size: 14px;
        }
     ul li{
            float: left;
            background-color: thistle;
            border:mediumblue 1px dashed;
            width: 120px;}
     ul li ul li{display: none;}
     ul li a:hover{ color: mintcream;
                    background-color: royalblue;}
  ul li:hover ul li {display: block;
        width: 120px;
       height: 24px;}
  ul  ul li a:hover{color: seashell;
                background-color: slateblue;}
    </style>
 </head>
 <body>
    <div >
    <ul>
        <li><a href="#">首页 </a>
        <ul>
         <li><a href="#">最新更新 </a></li>
        <li><a href="#">下载排行 </a></li>
         </ul>
        </li>
        <li><a href="#">企业新闻 </a>
        <ul>
        <li><a href="#">企业介绍 </a></li>
        <li><a href="#">最新动态 </a></li>
            </ul>
        </li>
        <li><a href="#">产品信息   </a>
        <ul>
        <li><a href="#">最新产品 </a></li>
        <li><a href="#">产品列表 </a></li>
        </ul>
```

```
        </li>
        <li><a href="#">联系我们</a>
         <ul>
         <li><a href="#">公司信息</a></li>
         <li><a href="#">联系我们</a></li>
         </ul>
        </li>
      </ul>
    </div>
</body>
</html>
```

项 目 总 结

本项目主要学习了无序列表、有序列表、定义列表及其列表属性的使用，使用 display 属性将内联元素转换为行内块级，使用 float 属性将无序列表转换成横向导航。掌握超链接 <a> 使用的方法，设置当鼠标指针经过导航条时的伪类样式效果。在学习过程中，理解每个属性的作用及它们所展现出来的效果。

本项目的知识点如表 7-3 和表 7-4 所示。

表 7-4　制作菜单所需要的属性

属性	描述	可用值	注释
list-style-type	设置列表项标记的类型	dic	实心圆
		circle	空心圆
		square	正方形
		decimal	1，2，3，4，5，6，…
		upper-alpha	A，B，C，D，E，F，…
		lower-alpha	a，b，c，d，e，f，…
		upper-romman	Ⅰ，Ⅱ，Ⅲ，Ⅳ，Ⅴ，Ⅳ，Ⅶ，…
		none	不显示任何符号
display	用于定义建立布局时元素生成的显示框类型	block	块级元素的默认值。元素会被显示为块级元素，该元素前后会带有换行符
		inline	内联元素的默认值。元素会被显示为内联元素，该元素前后没有换行符
		inline-block	行内块元素。元素既具有内联元素的特性，也具有块元素的特性
		none	设置元素不会被显示

项目拓展

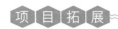

启动 Visual Studio Code 编辑器，根据如图 7–26 所示的效果完成代码的编写，保存文件名为 7–9.html。

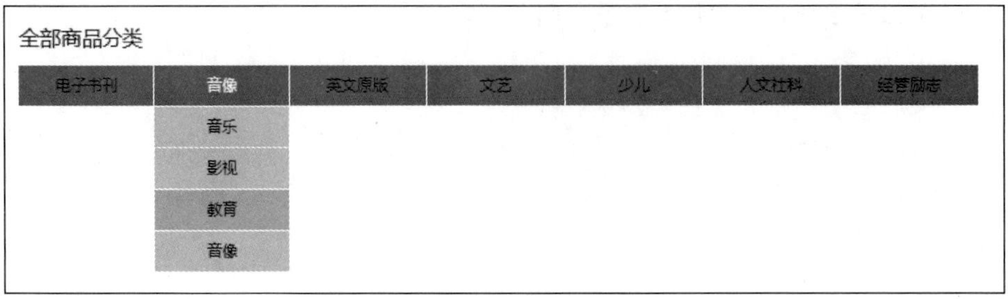
全部商品分类
电子书刊
音像
英文原版
文艺
少儿
人文社科
经管励志
音乐
影视
教育
音像

图 7–26　项目拓展效果

项目 8 使用 CSS 美化表格

项目目标

知识目标

1. 掌握与表格相关的 HTML 标签。

2. 掌握设置表格样式的 CSS 属性。

3. 掌握 margin 和 padding 属性的使用方法。

技能目标

1. 能够创建表格，使用表格来显示数据。

2. 能够使用 CSS 样式美化表格。

3. 能够使用 padding 属性设置内边距的效果。

项目描述

表格是网页中常使用的元素，其主要作用是显示从后台读取的数据，也可以用表格对页面进行布局操作。与其他 HTML 标签一样，也可以使用 CSS 对表格进行美化。本项目主要是制作一张名为"Member List"的表。

项目分析

1. 首先建立简单的页面框架，将"Member List"表显示在页面中。使用制作表格的标签。

2. 表格的外边框样式为单一的边框，蓝色的细实线。使用表格的 border 及 border-collapse 属性。

3. 表格的标题加粗、左对齐，标题底部与表之间的距离为 5px。使用表格的 <caption> 标签及 margin、padding 属性。

4. 表头行标题样式为蓝色的细实线、蓝色底纹，字体加粗、白色、居中，内容与边框之间有一定的间距。使用表格的 <th> 标签及 border、margin、padding 属性和相关的字体属性。

5. 单元格样式为蓝色的细实线、文字左对齐、内边距为上下 4px、左右 10px。使用表格的 <td> 标签及 border、margin、padding 属性。

6．隔行变色效果，奇数行为粉色底纹、偶数行为浅蓝色底纹。使用 CSS3 的结构伪类 nth-of-type（even）（奇数行）和 nth-of-type（odd）（偶数行）实现。

项目完成的最终效果如图 8-1 所示。

Member List				
Name	**Class**	**Birthday**	**Constellation**	**Mobile**
isaac	W13	Jun 24th	Cancer	1118159
girlwing	W210	Sep 16th	Virgo	1307994
tastestory	W15	Nov 29th	Sagittarius	1095245
lovehate	W47	Sep 5th	Virgo	6098017
slepox	W19	Nov 18th	Scorpio	0658635
smartlau	W19	Dec 30th	Capricorn	0006621
whaler	W19	Jan 18th	Capricorn	1851918
shenhuanyan	W25	Jan 31th	Aquarius	0621827

图 8-1　项目完成的最终效果

■ 知识引入

子任务 1　创建表格

设计符合标准的表格结构，首先了解表格每个标签的语义性和使用规则，如表 8-1 和表 8-2 所示。

表 8-1　表格的标签

标签	描述
table	定义表格
caption	定义表格标题
tr	在表格中定义一行
th	定义表头标题单元格。<th> 标签内部的文本通常会呈现为粗体、居中显示
td	在表格中定义一个单元格

表 8-2　表格的属性

属性	描述
colspan	合并行，设置单元格可横跨的列数
rowspan	合并列，设置单元格可纵跨的行数
cellpadding	设置单元格边沿与其内容之间的空白
cellspacing	设置单元格之间的空间
border-collapse	设置是否把表格边框合并为单一的边框
border-spacing	设置分隔单元格边框的距离
caption-side	设置表格标题的位置

一个符合标准的表格结构的代码如下。

```
<table>
    <caption> 表格的标题 </caption>
    <tr>
        <th> 标题 1</th>
        <th> 标题 2</th>
    </tr>
    <tr>
        <td> 数据 1</td>
        <td> 数据 2</td>
    </tr>
</table>
```

在前面的学习中，我们已经多次接触到 CSS 的 margin 和 padding 属性。其中，margin 属性用来设置元素的外边距，即元素与其他相邻元素之间的间距；padding 属性用来设置元素的内边距（也称填充），即元素内容与元素边框之间的空间，如图 8-2 所示。

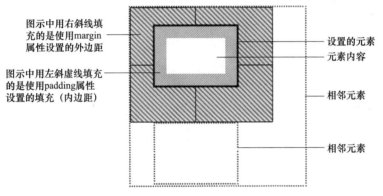

图 8-2　margin 和 padding 属性

margin 和 padding 属性的使用方法相同，可用来分别设置元素的上、右、下、左外边距和内边距，如表 8-3 所示。

表 8-3　设置元素的上、右、下、左外边距和内边距属性

填充属性（padding）	作用	外边距属性（margin）	作用
padding-left	左边内边距	margin-left	左边外边距
padding-right	右边内边距	margin-right	右边外边距
padding-top	上方内边距	margin-top	上方外边距
padding-bottom	下方内边距	margin-bottom	下方外边距

可以不在 margin 和 padding 属性后面加 left、right、top 和 bottom 后缀，而直接在 margin 和 padding 后输入属性值，并用空格隔开，例如：

padding：距离 1　距离 2　距离 3　距离 4；

使用组合的 margin 和 padding 属性时，其参数值一般有 4 个，从左到右分别代表上、

右、下、左边距；如果只提供 1 个参数值，将用于全部的 4 个方向；如果提供 2 个，第 1 个用于上、下，第 2 个用于左、右；如果提供 3 个，第 1 个用于上，第 2 个用于左、右，第 3 个用于下。下面以 padding 为例说明，如表 8-4 所示。

表 8-4　padding 属性组合使用示例

参数值个数	示例	说明
1	padding:4px	设置上下左右的内边距为 4px
2	padding:4px 8px	设置上下内边距为 4 px，左右内边距为 8px
3	padding:4px 8px 5px	设置上内边距为 4 px，左右内边距为 8px，下内边距为 5 px
4	padding:4px 8px 5px 3px	设置上内边距为 4 px，右内边距为 8 px，下内边距为 5 px，左内边距为 3 px

【例 8-1】启动 Visual Studio Code 编辑器，输入以下代码，文件名保存为 8-1.html。

微课

```html
<!DOCTYPE html>
<html lang="en">
<head>
    <meta charset="UTF-8">
    <meta name="viewport" content="width=device-width, initial-scale=1. 0">
    <title>制作课表</title>
</head>
<body>
    <table>
        <caption>初三二班课表</caption>
        <tr>
            <th></th>
            <th>星期一</th>
            <th>星期二</th>
            <th>星期三</th>
            <th>星期四</th>
            <th>星期五</th>
        </tr>
        <tr>
            <th>第一节</th>
            <td>数学</td>
            <td>语文</td>
            <td>体育</td>
            <td>英语</td>
            <td>音乐</td>
```

```
        </tr>
        <tr>
            <th>第二节 </th>
            <td>语文 </td>
            <td>物理 </td>
            <td>数学 </td>
            <td>语文 </td>
            <td>美术 </td>
        </tr>
        <tr>
            <th>第三节 </th>
            <td>语文 </td>
            <td>体育 </td>
            <td>数学 </td>
            <td>英语 </td>
            <td>地理 </td>
        </tr>
        <tr>
            <th>第四节 </th>
            <td>地理 </td>
            <td>化学 </td>
            <td>语文 </td>
            <td>语文 </td>
            <td>美术 </td>
        </tr>
    </table>
</body>
</html>
```

在浏览器中预览，其显示效果如图 8-3 所示。

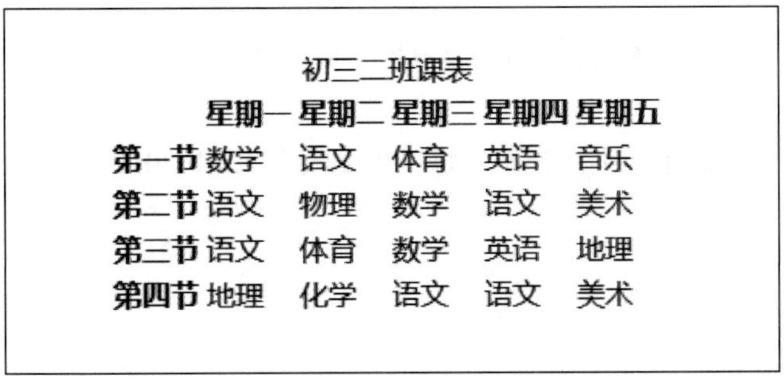

初三二班课表				
	星期一	星期二	星期三	星期四	星期五
第一节	数学	语文	体育	英语	音乐
第二节	语文	物理	数学	语文	美术
第三节	语文	体育	数学	英语	地理
第四节	地理	化学	语文	语文	美术

图 8-3 制作课表

该表格没有边框，要设置表格的边框，在 <style>...</style> 标签中为 table、th、td 添加

border 及 border-collapse 属性设置表格的边框效果，而表格标题的样式可以为 caption 标签添加样式。

```
<style type="text/css">
    table {border: steelblue 1px solid;/* 将表格外框设置为实线、
1px，蓝色效果 */
        border-collapse: collapse;/* 把表格边框合并为单一的边框 */
            }
    th, td{ border: steelblue 1px solid; /* 设置表格实线内框 */
        font-size: 14px;
        padding: 10px;/* 设置单元格内边距 */}
    caption{ font-size: 24px;
            font-family: 黑体 ;
            color: royalblue;}
</style>
```

在浏览器中预览，其显示效果如图 8-4 所示。

初三二班课表

	星期一	星期二	星期三	星期四	星期五
第一节	数学	语文	体育	英语	音乐
第二节	语文	物理	数学	语文	美术
第三节	语文	体育	数学	英语	地理
第四节	地理	化学	语文	语文	美术

图 8-4　添加表格的边框样式

子任务 2　使用 CSS 样式控制表格

本任务主要介绍 CSS 控制表格的方法，包括表格的颜色、标题、边框和背景等。

【例 8-2】启动 Visual Studio Code 编辑器，输入以下代码，文件名保存为 8-2.html。

步骤 1：首先建立简单的页面框架，将"年度收入 2014-2017"表显示在页面中，效果如图 8-5 所示。

微课

```
<!DOCTYPE html>
<html lang="en">
<head>
    <meta charset="UTF-8">
    <meta name="viewport" content="width=device-width, initial-
scale=1. 0">
```

```
    <title> 使用 CSS 控制表格 </title>
</head>
<body>
    <table border="1">
    <caption> 年度收入 2014 - 2017</caption>
    <tr>
        <th></th>
        <th scope="col">2014</th>
        <th scope="col">2015</th>
        <th scope="col">2016</th>
        <th scope="col">2017</th>
    </tr>
    <tr>
        <th scope="row"> 拨款 </th>
        <td>11，980</td>
        <td>12，650</td>
        <td>9，700</td>
        <td>10，600</td>
    </tr>
    <tr>
        <th scope="row"> 捐款 </th>
        <td>4，780</td>
        <td>4，989</td>
        <td>6，700</td>
        <td>6，590</td>
    </tr>
    <tr>
        <th scope="row"> 投资 </th>
        <td>8，000</td>
        <td>8，100</td>
        <td>8，760</td>
        <td>8，490</td>
    </tr>
        <tr>
        <th scope="row"> 销售 </th>
        <td>28，400</td>
        <td>27，100</td>
        <td>27，950</td>
        <td>29，050</td>
```

```
        </tr>
        <tr>
            <th scope="row">杂费 </th>
            <td>2，100</td>
            <td>1，900</td>
            <td>1，300</td>
            <td>1，760</td>
        </tr>
        <tr>
            <th scope="row">总计 </th>
            <td>58，460</td>
            <td>57，859</td>
            <td>58，110</td>
            <td>60，700</td>
        </tr>
    </table>
    </body>
    </html>
```

步骤 2：表格添加外边框，效果如图 8-6 所示。

```
<style type="text/css">
    table{
    border:1px solid #429fff;    /* 表格边框 */
    font-family:Arial;
border-collapse:collapse;    /* 边框重叠 */
margin:0 auto;
    }
 </style>
```

图 8-5　制作"年度收入 2014-2017"表

图 8-6　添加外边框效果

步骤 3：设置表格标题属性，效果如图 8-7 所示。

```
<style type="text/css">
    caption{
    padding-top:3px;
```

```
    padding-bottom:2px;
    font-size: 1. 1em;
    font-weight: bold;
    background-color:#f0f7ff;/* 设置标题的背景色 */
    border:1px solid #429fff;        /* 设置表格标题的边框 */
}
    </style>
```
步骤 4：对表格的行、列表头标题属性进行声明，效果如图 8-8 所示。
```
<style type="text/css">
    th{
    border:1px solid #429fff;        /* 行、列表头标题边框 */
    background-color:#d2e8ff;
    font-weight:bold;
    padding-top:4px; padding-bottom:4px;
    padding-left:10px; padding-right:10px;
    text-align:center;
}
    </style>
```

年度收入 2014 - 2017			
2014	2015	2016	2017
拨款 11,980	12,650	9,700	10,600
捐款 4,780	4,989	6,700	6,590
投资 8,000	8,100	8,760	8,490
销售 28,400	27,100	27,950	29,050
杂费 2,100	1,900	1,300	1,760
总计 58,460	57,859	58,110	60,700

图 8-7　表格标题样式

年度收入 2014 - 2017			
	2014	2015	2016	2017
拨款	11,980	12,650	9,700	10,600
捐款	4,780	4,989	6,700	6,590
投资	8,000	8,100	8,760	8,490
销售	28,400	27,100	27,950	29,050
杂费	2,100	1,900	1,300	1,760
总计	58,460	57,859	58,110	60,700

图 8-8　设置表格的行、列表头标题样式

步骤 5：对表格的单元格属性进行声明，效果如图 8-9 所示。
```
<style type="text/css">
td{
    border:1px solid #429fff;        /* 单元格边框 */
    text-align:right;
    padding:4px;
}
    </style>
```
步骤 6：最终效果如图 8-9 所示，完整代码如下。
```
<!DOCTYPE html>
<html lang="en">
<head>
```

年度收入 2014 - 2017			
	2014	2015	2016	2017
拨款	11,980	12,650	9,700	10,600
捐款	4,780	4,989	6,700	6,590
投资	8,000	8,100	8,760	8,490
销售	28,400	27,100	27,950	29,050
杂费	2,100	1,900	1,300	1,760
总计	58,460	57,859	58,110	60,700

图 8-9　设置表格的单元格样式

```html
    <meta charset="UTF-8">
     <meta name="viewport" content="width=device-width, initial-
scale=1. 0">
    <title>使用 CSS 控制表格 </title>
    <style type="text/css">
     table{
    border:1px solid #429fff;    /* 表格边框 */
    font-family:Arial;
    border-collapse:collapse;    /* 边框重叠 */
      }
      caption{
    padding-top:3px;
    padding-bottom:2px;
    font-size: 1. 1em;
    font-weight: bold;
    background-color:#f0f7ff;    /* 设置标题的背景 */
    border:1px solid #429fff;    /* 设置表格标题的边框 */
}
 th{
    border:1px solid #429fff;    /* 行、列表头标题边框 */
    background-color:#d2e8ff;
    font-weight:bold;
    padding-top:4px; padding-bottom:4px;
    padding-left:10px; padding-right:10px;
    text-align:center;
}

 td{
    border:1px solid #429fff;    /* 单元格边框 */
    text-align:right;
    padding:4px;
}
    </style>
</head>
<body>
   <table >
   <caption>年度收入 2014 - 2017</caption>
   <tr>
      <th></th>
      <th scope="col">2014</th>
```

134

```
        <th scope="col">2015</th>
        <th scope="col">2016</th>
        <th scope="col">2017</th>
    </tr>
    <tr>
        <th scope="row">拨款 </th>
        <td>11，980</td>
        <td>12，650</td>
        <td>9，700</td>
        <td>10，600</td>
    </tr>
    <tr>
        <th scope="row">捐款 </th>
        <td>4，780</td>
        <td>4，989</td>
        <td>6，700</td>
        <td>6，590</td>
    </tr>
    <tr>
        <th scope="row">投资 </th>
        <td>8，000</td>
        <td>8，100</td>
        <td>8，760</td>
        <td>8，490</td>
    </tr>

    <tr>
        <th scope="row">销售 </th>
        <td>28，400</td>
        <td>27，100</td>
        <td>27，950</td>
        <td>29，050</td>
    </tr>
    <tr>
        <th scope="row">杂费 </th>
        <td>2，100</td>
        <td>1，900</td>
        <td>1，300</td>
        <td>1，760</td>
    </tr>
```

```
    <tr>
        <th scope="row">总计 </th>
        <td>58，460</td>
        <td>57，859</td>
        <td>58，110</td>
        <td>60，700</td>
    </tr>
</table>
</body>
</html>
```

■ 项目实施

　　隔行变色是一款比较经典的表格样式，这种样式主要是从用户体验角度来设计的，以提升用户浏览数据的速度和准确度。隔行换色的设计方法为：定义一个类，然后把该类应用到所有奇数行或偶数行。但当行数比较多时，该方法会比较麻烦，此时可以考虑使用 CSS3 选择器智能匹配表格中的偶数行和奇数行。

微课

　　步骤 1：首先建立简单的页面框架，将表显示在页面中，效果如图 8-10 所示。

```
<!DOCTYPE html>
<html lang="en">
<head>
    <meta charset="UTF-8">
    <meta name="viewport" content="width=device-width, initial-scale=1. 0">
    <title>制作隔行变色的表格 </title>
</head>
<body>
    <table>
        <caption>Member List</caption>
        <tr>
            <th scope="col">Name</th>
            <th scope="col">Class</th>
            <th scope="col">Birthday</th>
            <th scope="col">Constellation</th>
            <th scope="col">Mobile</th>
        </tr>
        <tr>                          <!-- 奇数行 -->
            <td>isaac</td>
```

```
    <td>W13</td>
    <td>Jun 24th</td>
    <td>Cancer</td>
    <td>1118159</td>
</tr>
<tr >          <!-- 偶数行 -->
    <td>girlwing</td>
    <td>W210</td>
    <td>Sep 16th</td>
    <td>Virgo</td>
    <td>1307994</td>
</tr>
<tr>                    <!-- 奇数行 -->
    <td>tastestory</td>
    <td>W15</td>
    <td>Nov 29th</td>
    <td>Sagittarius</td>
    <td>1095245</td>
</tr>
<tr>          <!-- 偶数行 -->
    <td>lovehate</td>
    <td>W47</td>
    <td>Sep 5th</td>
    <td>Virgo</td>
    <td>6098017</td>
</tr>
<tr>                    <!-- 奇数行 -->
    <td>slepox</td>
    <td>W19</td>
    <td>Nov 18th</td>
    <td>Scorpio</td>
    <td>0658635</td>
</tr>
<tr >          <!-- 偶数行 -->
    <td>smartlau</td>
    <td>W19</td>
    <td>Dec 30th</td>
    <td>Capricorn</td>
    <td>0006621</td>
</tr>
```

```
        <tr>                    <!-- 奇数行 -->
            <td>whaler</td>
            <td>W19</td>
            <td>Jan 18th</td>
            <td>Capricorn</td>
            <td>1851918</td>
        </tr>
        <tr>            <!-- 偶数行 -->
            <td>shenhuanyan</td>
            <td>W25</td>
            <td>Jan 31th</td>
            <td>Aquarius</td>
            <td>0621827</td>
        </tr>

    </table>

</body>
</html>
```

		Member List		
Name	**Class**	**Birthday**	**Constellation**	**Mobile**
isaac	W13	Jun 24th	Cancer	1118159
girlwing	W210	Sep 16th	Virgo	1307994
tastestory	W15	Nov 29th	Sagittarius	1095245
lovehate	W47	Sep 5th	Virgo	6098017
slepox	W19	Nov 18th	Scorpio	0658635
smartlau	W19	Dec 30th	Capricorn	0006621
whaler	W19	Jan 18th	Capricorn	1851918
shenhuanyan	W25	Jan 31th	Aquarius	0621827

图 8-10　制作表格

步骤 2：设置表格的外边框样式，效果如图 8-11 所示。

```
<style type="text/css">
    table{
   margin:auto;  /* 使表格整体居中对齐 */
    border:1px solid #0058a3;    /* 表格外边框样式 */
    font-family:Arial;
    border-collapse:collapse;    /* 将表格边框合并为单一边框 */
    background-color:#eaf5ff;    /* 设置表格背景色 */
    font-size:14px;
}
</style>
```

图 8-11　设置表格的外边框样式

步骤 3：设置表格标题（<caption> 标签）样式，效果如图 8-12 所示。

```
<style type="text/css">
        caption{
    padding-bottom:5px;/* 设置表格标题与下边框的内边距为 5px */
     font-weight: bold;
     font-size: 1. 4em;
    text-align:left;
}
    </style>
```

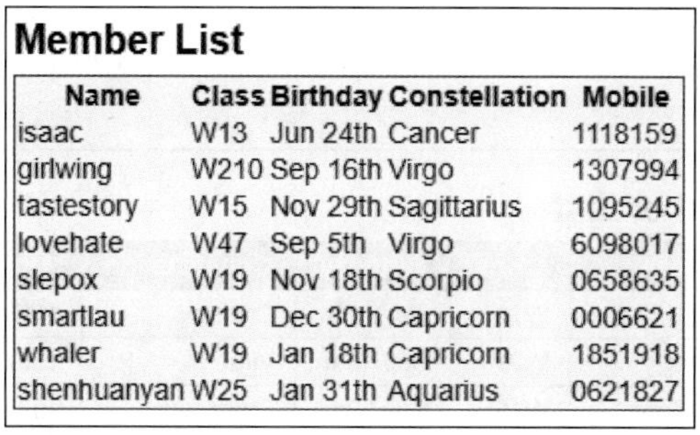

图 8-12　设置表格标题样式

步骤 4：设置表头行标题（<th> 标签）单元格样式，效果如图 8-13 所示。

```
<style type="text/css">
        th{
    border:1px solid #0058a3;     /* 设置表头行标题边框样式 */
    background-color:#4bacff;      /* 设置表头行标题背景颜色 */
    color:#FFFFFF;                 /* 设置表头行标题文字颜色 */
font-weight:bold;
padding:4px 10px;  /* 设置单元格填充（内边距）大小为：上、下 4px，左、右
10px*/
text-align:center;/* 设置表头标题文字居中 */

}
    </style>
```

项目 ⑧ 使用 CSS 美化表格

图 8-13　设置表头行标题单元格样式

步骤 5：设置单元格（<td> 标签）样式，效果如图 8-14 所示。

```
<style type="text/css">
    td{
    border:1px solid #0058a3;/* 设置单元格边框样式 */
    text-align:left;/* 设置单元格内容左对齐 */
padding:4px 10px; /* 设置单元格填充（内边距）大小为：上、下 4px，左、右
10px*/
}
    </style>
```

图 8-14　设置单元格样式

步骤 6：使用 CSS3 的结构伪类，设置隔行变色。最终效果如图 8-15 所示。

```
<style type="text/css">
    tr:nth-of-type（even）{ background-color: pink;     /*    奇数行变
色 */}
tr:nth-of-type（odd）{background-color:#c7e5ff     /*  偶数行变色  */}
 }
    </style>
```

Member List

Name	Class	Birthday	Constellation	Mobile
isaac	W13	Jun 24th	Cancer	1118159
girlwing	W210	Sep 16th	Virgo	1307994
tastestory	W15	Nov 29th	Sagittarius	1095245
lovehate	W47	Sep 5th	Virgo	6098017
slepox	W19	Nov 18th	Scorpio	0658635
smartlau	W19	Dec 30th	Capricorn	0006621
whaler	W19	Jan 18th	Capricorn	1851918
shenhuanyan	W25	Jan 31th	Aquarius	0621827

图 8-15　设置隔行变色

说明：设置奇数行变色也可以用如下语句，即定义一个类，然后把该类应用到所有奇数行。

```
.altrow{
      background-color:pink;  /* 隔行变色 */
}
```

项目总结

本项目主要学习了表格的标签、表格的属性及制作表格隔行变色的方法。在学习过程中，理解这些属性所起的作用及显示出来的效果，明确这些属性的作用。本项目用到的知识点见表 8-1 ～表 8-3。

项目拓展

启动 Visual Studio Code 编辑器，根据图 8-16 所示的效果完成代码的编写，保存文件名为 8-3.html。

2012世界杯分组表				
A组	南非	墨西哥	乌拉圭	法国
B组	阿根廷	韩国	尼日利亚	希腊
C组	英格兰	美国	阿尔及利亚	斯洛文尼亚
D组	德国	澳大利亚	加纳	塞尔维亚
E组	荷兰	日本	喀麦隆	丹麦
F组	意大利	新西兰	巴拉圭	斯洛伐克
G组	巴西	朝鲜	科特迪瓦	葡萄牙
H组	西班牙	洪都拉斯	智利	瑞士

图 8-16　2012 世界杯分组表

项目 9 使用 CSS 美化表单

项目目标

知识目标

1. 掌握与表单相关的 HTML 标签。
2. 掌握设置表单样式的 CSS 代码。
3. 掌握 position 属性值的使用。

技能目标

1. 能够根据需要在网页中插入表单标签。
2. 能够使用 CSS 对表单进行美化。
3. 能够制作出常见的注册、登录和留言前台页面。

项目描述

　　一般网站都存在两种用户：注册用户和游客。网站对游客和注册用户赋予的权限是不同的，游客只可浏览帖子，而注册用户有更多的权限。游客可以通过注册成为注册用户。本项目完成用户登录和用户注册页面的制作。

项目分析

　　1. 整个表单分为两个版块：用户登录版块和用户注册版块。使用 <fieldset> 和 <legend> 标签可以对表单控件进行分组，把表单分为登录版块和注册版块。

　　2. 用户登录版块的表单元素有用户名文本框、密码文本框及登录按钮。

　　3. 用户注册版块的表单元素有用户名文本框、密码文本框、确认密码文本框、密码保护问题下拉列表、密码保护答案文本框、上传工作证扫描件文件选择框、性别单选按钮、本站留言文本域、同意服务条款的复选框及提交按钮。

　　4. 两个版块分组的外围边框样式为圆角蓝色边框，标题样式为蓝底、加粗效果；表单元素的样式为：文本框、下拉列表、文本域、登录按钮、提交按钮边框为蓝色细实线边框，使用 CSS 对表单的各个标签进行美化。

5. 表单元素整齐、美观，使用 position 的相对定位，将表单元素对齐。

项目完成的最终效果如图 9-1 所示。

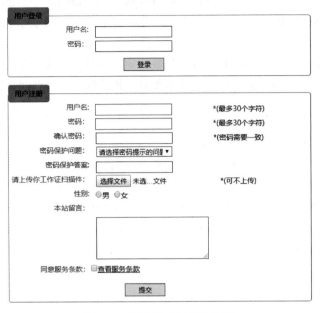

图 9-1　项目完成的最终效果

知识引入

子任务 1　创建表单

1. 表单的组成

与表单一样，表单包含多个标签，它由很多控件构成，如文本框、文本区域、单选按钮、复选框、下拉菜单和按钮等。

一个完整的表单结构应该由以下三部分组成。

（1）表单框架（<form 标签 >）：<form> 标签是一个包含框，里面包含所有表单对象。表单框包含处理表单数据的各种属性，如提交字符编码、与服务器交互的页面、HTTP 提交方式等。

（2）表单域（<input> <select> 等标签）：用于采集用户的输入或选择的数据，如文本框、文本域、密码文本框、隐藏域、单选按钮、复选框、下拉列表框及文件上传框等。

（3）表单按钮（<input> <button> 标签）：用于将数据发送给服务器，还可以用来控制其脚本行为，如提交、复位，以及不包含任何行为的一般按钮。

所有表单元素都包含以下两个基本属性。

（1）name：定义表单对象的名称，提交表单时，通过 name 属性可以访问表单对象的值。

（2）id：定义表单对象的 ID 编码，以便 JavaScript 和 CSS 访问对象。一般可以为表单对象的 name 和 id 属性设置相同的值。

2. 表单标签

<form> 标签用来创建供用户输入的 html 表单。<form> 标签的语法格式如下。

```
<form action=" 提交地址 " method=" 提交方式 "> 表单内容 </form>
```

说明：表单内容可以是 < input>、< textarea>、< button>、< select>、< option>、< optgroup>、< fieldset>、< label> 等标签，同一信息提交区域表单需要包含在 <form> 和 </form> 标签之间。

（1）action 属性。form 标签的 action 属性规定了处理上传数据的页面，也可以理解为"上传数据并且跳转到该页面"，该页面需要对上传的数据进行查询或保存，所以经常由 php/jsp/aspx 来担当。例如：

```
<form action="message.php">
```

如果 action 的值为空或者 #，那么数据交由本页面处理。

（2）method。method 即方法，规定了浏览器上传数据的方式。method 只有两个值可以选择，分别是 get 和 post，默认值是 get。get 方法传输的数据量少，执行效率高。当提交数据时，在浏览器地址栏中可以看到提交的查询字符串。post 方法传输的数据量大，该方法无法通过浏览器地址栏查看提交的数据，适合传输重要信息。大多数情况都应该使用 post 方式进行数据的传输。

3．输入标签

在多数情况下用到的表单元素是由输入标签 <input> 定义的，这是一个单标签，用来在网页中搜集用户的信息，其常用的属性如下。

```
<input type=" 表单元素类型 " value=" 表单元素的值 " name=" 表单元素的名
称 " class=" 类别名 ">
```

通过设置 <input> 标签的 type 属性可以创建多种类型的表单元素。type 属性值如表 9-1 所示。

表 9-1　type 属性值

值	描述
text	写法：<input type=="text" value==" 这是文本框 "> 文本框 text：定义单行的输入字段，用户可在其中输入任意字符，在页面中文本框一般用来输入用户名、姓名、地址之类的信息，文本框的 value 属性值会显示为文本框中的默认文本。默认宽度为 20 个字符。 效果图：这是文本框
button	写法：<input type=="button" value==" 这是按钮 "> 普通按钮 button：其 value 属性值会显示为按钮上面的文字。 效果图：这是按钮
image	定义图像形式的提交按钮
password	写法：<input type=="password" value=="123456"> 密码框 password：在密码框中用户可输入任意字符。与文本框不同的是，密码框中的字符中页面上会表现为黑色圆点，一般用来输入密码这样的需要保密的文字信息，在不同浏览器中，圆点的大小会有区别。 效果图：密码：●●●●

值	描述
checkbox	写法：<input type=="checkbox" value=="1"　name="hob"/> 打球 <input type=="checkbox" value=="2"　name="hob"/> 唱歌 <input type=="checkbox" value=="3"　name="hob"/> 跳舞 复选框 checkbox：复选框的 value 属性值不会显示在页面上，只能作为数据进行传递。需要特别注意的是，在一个页面上，属于同一组的 checkbox，它们的 name 属性值必须相同，这样通过 JavaScript 等方式来取得该组 checkbox 复选框的值。 效果图：☑打球 ☐唱歌 ☐跳舞
radio	写法：<input type=="radio" value=="1" name="sex"/> 男 <input type=="radio"value=="1" name="sex"/> 女 单选按钮 radio：单选按钮的 value 属性值不会显示在页面上，只能作为数据进行传递。需要特别注意的是，在一个页面上，属于同一组的 radio，它们的 name 属性值必须相同，否则单选是无效的。 效果图：⦿男 ⦿女
reset	写法：<input type=="reset" value==" 重置按钮 "> 重置按钮 reset: 重置按钮会清除表单中的所有数据。 效果图：[重置按钮]
submit	写法：<input type=="submit" value==" 提交按钮 "> 提交按钮 submit: 提交按钮会把表单数据发送到服务器。 效果图：[提交按钮]
hidden	写法：<input type=="hidden" value=="1"> 隐藏域 hidden：隐藏输入字段
file	写法：<input type=="file" value==""> 文件选择框 file: 定义输入字段和"浏览"按钮，供文件上传。 效果图：[选择文件] 未选...文件

4. 下拉列表标签

HTML 网页中的下拉列表通常由 <select></select> 与 <option></option> 标签定义。其中 <select></select> 标签对用来定义下拉列表，<option></option> 标签对用来定义下拉列表中的选项，下拉列表中有多少个选项，就需要添加多少个 <option></option> 标签对。其语法格式如下。

```
<select>
<option value=" 值 1">选项 1</option>
<option value=" 值 2">选项 2</option>
<option value=" 值 2">选项 3</option>
</select>
```

5. 文本域标签

<textarea></textarea> 为文本域标签，它相当于一个多行的文本框，可以让用户输入大量数据。它有两个属性：cols 和 rows，分别代表一行多少字及文本域有多少行。其语法格式如下。

```
<textarea cols=" 文本域的宽度 " rows=" 文本域的高度 ">
..........
</textare>
```

6. <label></label> 标签

在 HTML 中，<label> 标签通常和 <input> 标签一起使用，<label> 标签为 input 元素定义标注（标记）。其语法格式如下。

```
<label for=" 关联控件的 id" form=" 所属表单 id 列表 "> 文本内容 </label>
```

说明：关联控件的 id 一般指的是 input 元素的 id； 在 HTML5 中还新增了一个属性 form，form 属性用来规定所属的一个或多个表单的 id 列表，以空格隔开。

【例 9-1】启动 Visual Studio Code 编辑器，输入以下代码，了解 label 标签使用的方法，文件名保存为 9-1.html。

```
<!DOCTYPE html>
<html lang="en">
<head>
    <meta charset="UTF-8">
    <meta name="viewport" content="width=device-width, initial-
scale=1. 0">
    <title>label 标签的使用 </title>
</head>
<style type="text/css">
 body{background-color: cornflowerblue;}
</style>
<body>
    <form action="" id="form1">
        <input type="checkbox" id="basketball">
        <label for="basketball"> 篮球 </label>
        <input type="checkbox" id="football">
        <label for="football"> 足球 </label>
        <input type="submit" value=" 提交 "/>
    </form>
    <label for="football" form="form1"> 足球 </label>
        </body>
</html>
```

在浏览器中预览，其显示效果如图 9-2 所示。

图 9-2 预览效果

说明：单击"足球"的复选框，可以选中"足球"。单击 <label> 标签的"足球"

146

可以选中和取消选中足球。

【例 9-2】启动 Visual Studio Code 编辑器，输入以下代码，使用表单知识制作问卷调查表，文件名保存为 9-2.html。

步骤 1：输入表单标签，其中 action="" method="POST"。

```html
<!DOCTYPE html>
<html lang="en">
<head>
    <meta charset="UTF-8">
    <meta name="viewport" content="width=device-width, initial-scale=1. 0">
    <title>问卷调查表</title>
</head>
<body>
    <form action="" method="POST">

    </form>
</body>
</html>
```

步骤 2：创建一个无序列表，列表项为 6 项，并为每个列表项添加上 <label></label> 标注，效果如图 9-3 所示。

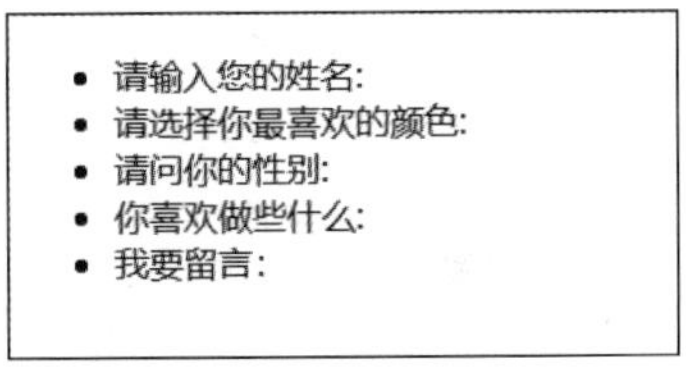

- 请输入您的姓名:
- 请选择你最喜欢的颜色:
- 请问你的性别:
- 你喜欢做些什么:
- 我要留言:

图 9-3　创建无序列表

```html
<form action="" method="POST">
    <ul>
        <li><label for=""> 请输入您的姓名 :</label></li>
        <li><label for=""> 请选择你最喜欢的颜色 :</label></li>
        <li><label for=""> 请问你的性别 :</label></li>
        <li><label for=""> 你喜欢做些什么 :</label></li>
        <li><label for=""> 我要留言: </label></li>
        <li></li>
    </ul>
</form>
```

步骤 3：在无序列表第 1 个列表项使用 <input type="text"> 创建文本框，并为其 name、id、value 属性设置值。其中 label for="name" 与 input 的 id="name" 一致，效果如图 9-4 所示。

```html
<ul>
    <li><label for="name"> 请输入您的姓名 :</label>
    <input type="text" name="name" id="name" value=" 姓名 " >
    </li>
    <li><label for=""> 请选择你最喜欢的颜色 :</label></li>
    <li><label for=""> 请问你的性别 :</label></li>
    <li><label for=""> 你喜欢做些什么 :</label></li>
    <li><label for=""> 我要留言：</label></li>
```

```
        </ul>
```

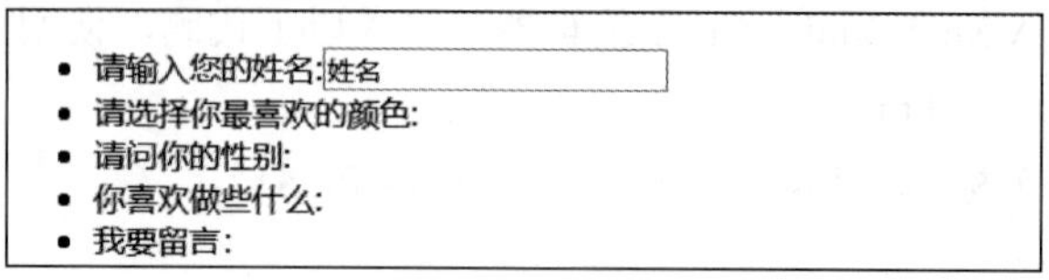

图 9-4　创建文本框

步骤 4：在无序列表的第 2 个列表项使用 `<select></select>` 与 `<option></option>` 标签创建下拉列表，效果如图 9-5 所示。

```
    <ul>
<li><label for="color"> 请选择你最喜欢的颜色 :</label>
        <select name="color" id="color">
            <option value="red"> 红 </option>
            <option value="green"> 绿 </option>
            <option value="blue"> 蓝 </option>
            <option value="yellow"> 黄 </option>
            <option value="cyan"> 青 </option>
            <option value="purple"> 紫 </option>
        </select>
    </li>
```

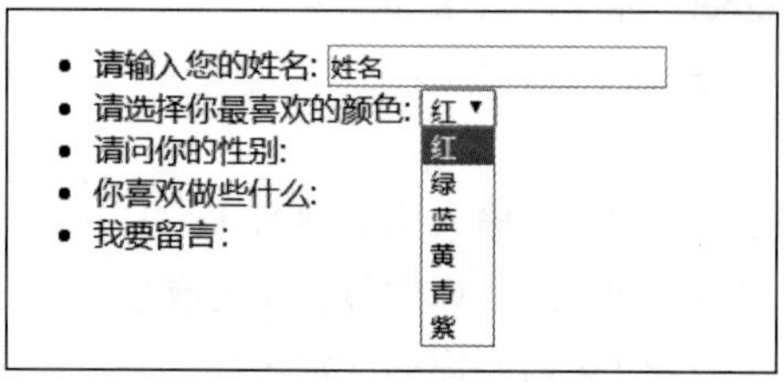

图 9-5　创建下拉列表

步骤 5：在无序列表的第 3 个列表项使用 radio 标签创建单选按钮，效果如图 9-6 所示。

```
 <li><label for="sex"> 请问你的性别 :</label>
        <input type="radio" name="sex" id="sex" value="male"> 男
<br>
        <input type="radio" name="sex" id="sex" value="female">
女 <br>
    </li>
```

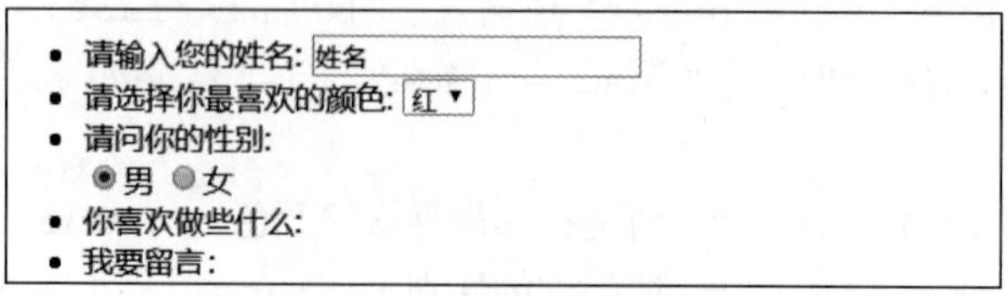

图 9-6　创建单选按钮

步骤 6：在无序列表的第 4 个列表项使用 checkbox 标签创建复选框，效果如图 9-7 所示。

```
<li><label for=""> 你喜欢做些什么 :</label>
<input type="checkbox" name="hobby" id="book" value="book"> 看书
 <input type="checkbox" name="hobby" id="net" value="net"> 上网
<input type="checkbox" name="hobby" id="sleep" value="sleep"> 睡觉
</p>
 </li>
```

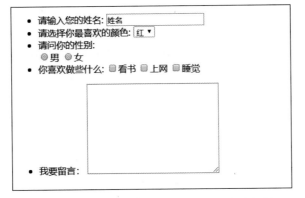

图 9-7　创建复选按钮

步骤 7：在无序列表的第 5 个列表项使用 <textarea></textarea> 文本域标签，它相当于一个多行的文本框，效果如图 9-8 所示。

```
<li><label for=""> 我要留言：</label>
        <textarea name="comments" id="" cols="30" rows="10"></textarea>
 </li>
```

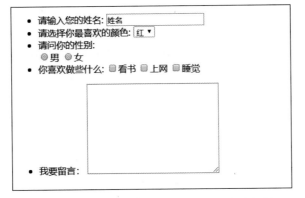

图 9-8　使用 <textarea></textarea> 文本域标签

步骤 8：在无序列表的第 6 个列表项使用 submit 标签创建提交按钮，效果如图 9-9 所示。

```
<li><input type="submit" name="btmsubmit" id="btmsubmit "value=" 提交 "></li>
```

步骤 9：为了使效果图美观，可以在每个 <label> 标签的后面加上换行
 标签。最终效果如图 9-10 所示。

图 9-9　创建提交按钮

图 9-10　添加换行后的效果

```
<!DOCTYPE html>
<html lang="en">
<head>
    <meta charset="UTF-8">
    <meta name="viewport" content="width=device-width, initial-
scale=1. 0">
    <title>问卷调查表</title>
</head>
<body>
    <form action="" method="POST">
    <ul>
        <li><label for="name">请输入您的姓名：</label><br>
          <input type="text" name="name" id="name" value="姓名" >
        </li>
        <li><label for="color">请选择你最喜欢的颜色：</label><br>
        <select name="color" id="color">
            <option value="red">红</option>
            <option value="green">绿</option>
            <option value="blue">蓝</option>
            <option value="yellow">黄</option>
            <option value="cyan">青</option>
            <option value="purple">紫</option>
        </select>
        </li>
        <li><label for="sex">请问你的性别：</label><br>
          <input type="radio" name="sex" id="sex" value="male">男
          <input type="radio" name="sex" id="sex" value="female">女
        </li>
```

```
        <li><label for="">你喜欢做些什么:</label><br>
            <input type="checkbox" name="hobby" id="book" value="b
ook">看书
            <input type="checkbox" name="hobby" id="net" value="ne
t">上网
            <input type="checkbox" name="hobby" id="sleep" value="
sleep">睡觉 </p>
        </li>
        <li><label for="">我要留言:</label><br>
            <textarea name="comments" id="" cols="30" rows="10"></
textarea>
        </li>
        <li><input type="submit" name="btmsubmit" id="btmsubmit "v
alue=" 提交 "></li>
    </ul>
    </form>
</body>
</html>
```

子任务 2   使用 CSS 美化表单

微课

在子任务 1 中，我们使用 HTML 标签完成了问卷调查表的主体结构，但界面不够精致，还需要美化，在本任务中我们将使用 CSS 来美化此页面。具体步骤如下。

步骤 1：将列表项目的项目符号去掉，效果如图 9-11 所示。

```
<style type="text/css">
    ul{list-style-type: none;}
</style>
```

步骤 2：设置表单的宽、边框、行高样式及表单的居中，效果如图 9-12 所示。

```
<style type="text/css">
    form{border: #4169e1 1px solid;
        width: 300px;
        line-height: 1. 8em;
        margin:0 auto;
        }
</style>
```

步骤 3：设置文本框的边框、底纹样式，效果如图 9-13 所示。

```
<style type="text/css">
```

图 9-11   去掉列表项目的项目符号

```
 .txt{background-color: #ADD8E6;
 border: 1px solid #00008B; }
   </style>
```

图 9-12　设置表单 form 样式

图 9-13　设置文本框的样式

步骤 4：设置下拉列表的宽、边框、底纹样式，效果如图 9-14 所示。

```
<style type="text/css">
 select{
    width: 80px;
    color: #00008B;
    background-color: #ADD8E6;
    border: 1px solid #00008B;
}
   </style>
```

步骤 5：设置 input 标签所有元素的字体颜色，效果如图 9-15 所示。

图 9-14　设置下拉列表的样式

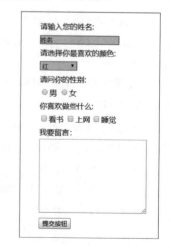

图 9-15　设置 input 标签的字体颜色

```
<style type="text/css">
```

```
input{                                        /* 所有 input 标记 */
    color: #00008B;
}
</style>
```

步骤 6：设置文本域标签的宽、高、字体颜色、背景颜色、边框样式，效果如图 9-16 所示。

```
<style type="text/css">
 textarea{
    width: 200px;
    height: 100px;
    color: #00008B;
    background-color: #ADD8E6;
    border: 1px inset #00008B;}
</style>
```

步骤 7：设置提交按钮的边框、底纹、内边距，效果如图 9-17 所示。

```
<style>
.btn{                                         /* 按钮单独设置 */
    color: #00008B;
    background-color: #ADD8E6;
    border: 1px outset #00008B;
    padding: 1px 2px 1px 2px;
}
</style>
```

图 9-16 设置文本域标签的样式

图 9-17 设置提交按钮的样式

步骤 8：完整的代码如下，文件名保存为 9-3.html。最终效果如图 9-17 所示。

```
<!DOCTYPE html>
<html lang="en">
```

```
<head>
    <meta charset="UTF-8">
     <meta name="viewport" content="width=device-width, initial-
scale=1. 0">
    <title>问卷调查表</title>
    <style type="text/css">
        ul {
            list-style-type: none;
        }
        form {
            border: #4169e1 1px solid;
            width: 300px;
            line-height: 1. 8em;
        }
        .txt {
            background-color: #ADD8E6;
            border: 1px solid #00008B;
        }
        select {
            width: 80px;
            color: #00008B;
            background-color: #ADD8E6;
            border: 1px solid #00008B;
        }
        input {
            /* 所有input标记 */
            color: #00008B;
        }
        textarea {
            width: 200px;
            height: 100px;
            color: #00008B;
            background-color: #ADD8E6;
            border: 1px inset #00008B;
        }
        .btn {
            /* 按钮单独设置 */
            color: #00008B;
            background-color: #ADD8E6;
            border: 1px outset #00008B;
```

```
            padding: 1px 2px 1px 2px;
        }
    </style>
</head>

<body>
    <form action="" method="POST">
        <ul>
            <li><label for="name"> 请输入您的姓名 :</label><br>
                <input type="text" name="name" id="name" value=" 姓
名 " class="txt">
            </li>
            <li><label for="color"> 请选择你最喜欢的颜色 :</label><br>
                <select name="color" id="color">
                    <option value="red"> 红 </option>
                    <option value="green"> 绿 </option>
                    <option value="blue"> 蓝 </option>
                    <option value="yellow"> 黄 </option>
                    <option value="cyan"> 青 </option>
                    <option value="purple"> 紫 </option>
                </select>
            </li>
            <li><label for="sex"> 请问你的性别 :</label><br>
                <input type="radio" name="sex" id="sex" value="mal
e"> 男
                <input type="radio" name="sex" id="sex" value="fem
ale"> 女
            </li>
            <li><label for=""> 你喜欢做些什么 :</label><br>
                <input type="checkbox" name="hobby" id="book" valu
e="book"> 看书
                <input type="checkbox" name="hobby" id="net" value
="net"> 上网
                <input type="checkbox" name="hobby" id="sleep" val
ue="sleep"> 睡觉
            </li>
            <li><label for=""> 我要留言: </label><br>
                <textarea name="comments" id="" cols="30" rows="10
"></textarea>
            </li>
```

```
        <li><input type="submit" name="btmsubmit" id="btmsubmi
t " value=" 提交按钮 " class="btn"></li>
        </ul>
    </form>
</body>
</html>
```

子任务 3　对表单控件进行分组

使用 <fieldset> 和 <legend> 标签可以对表单控件进行分组，简单说明一下。

<fieldset>：为表单对象进行分组，一个表单可以包含多个 <fieldset> 标签。默认情况下，表单区域分组的外面会显示一个包围框。

<legend>：定义每组的标题，默认显示在 <fieldset> 包围框的左上角。

子任务 4　使用 position 属性

1. position 属性介绍

position 属性规定了元素的定位类型，通过定位可准确地定义元素相对于其正常位置而应该出现的位置，或者是相对于父元素另一元素和浏览器窗口等的位置。

position 属性包含 5 个属性值，分别为 static、relative、absolute、fixed 及 inherit，如表 9-2 所示。

表 9-2　position 属性值

属性值	描述
static	默认值：元素遵循默认的文档流
relative	相对定位：元素遵循默认的文档流；相对于元素的原位置进行移动，周围元素忽略该元素的移动；需要设置 left、right、bottom、top 值进行定位
absolute	绝对定位：元素脱离正常文档流；相对于包含该元素的第一个非静态定位的元素进行定位，若不满足条件，则会根据最外层的 window 进行定位；需要设置 left、right、bottom、top 值进行定位
fixed	固定定位：元素脱离正常文档流；相对于最外层的 window 进行定位，固定在屏幕上的某个位置，不因屏幕滚动而消失；需要设置 left、right、bottom、top 值进行定位
inherit	继承父元素的 position 值

设置 position 属性只会让元素脱离文档流，需要设置偏移属性使元素移动，包括 4 个偏移属性，分别为 left、right、bottom、top，如表 9-3 所示。

表 9-3　position 偏移属性

偏移属性	描述
left	表示向元素左端插入多少距离，正值使元素右移多少距离
right	表示向元素右端插入多少距离，正值使元素左移多少距离
bottom	表示向元素下方插入多少距离，正值使元素上移多少距离
top	表示向元素上方插入多少距离，正值使元素下移多少距离

微课

偏移属性的值可以为负值，负值时向相同方向移动。一般设置时设置一个或两个偏移量即可。

当元素中设置 position 为非默认值后，该元素会成为设定位置的元素。在元素变成设定位置后，就成了最近的绝对定位后代元素的定位参考点，即该元素设置为绝对定位子元素的第一个非静态定位的元素。

目前所有主流的浏览器都支持 position 属性的使用，但注意所有 IE 浏览器均不支持 inherit 属性值。

2．position 属性值介绍

【例 9-3】启动 Visual Studio Code 编辑器，输入以下代码，掌握 position 属性值的使用，文件名保存为 9-4.html。

```
<!DOCTYPE html>
<html lang="en">
<head>
    <meta charset="UTF-8">
    <meta name="viewport" content="width=device-width, initial-scale=1. 0">
    <title>position 属性的使用 </title>
    <style type="text/css">
    body{border: 3px solid blue;}
    .div0{border: 2px solid cornflowerblue;
        width: 50%; background-color: #f0f0f0; margin: 50px;
position: relative;}
        .div{height: 100px; border: 1px solid black; margin: 20px; padding: 5px;}
    </style>
</head>
<body>
    <div class="div0">
        <div class="div1 div">This is div1</div>
        <div class="div2 div">This is div2</div>
    <div class="div3 div">This is div3</div>
    </div>
</body>
</html>
```

说明：首先设置示例的显示内容，分别设定了 3 个 div 块元素，并分别设置 class 属性值。

设置原始示例的显示效果，为了容易理解，将 body 设置为 3px 的蓝色边框。包围 3 个 div 块的大 div 块设置 1px 的黑边框、灰色的背景色及 50% 的宽度。3 个 div 块则设置相同的边框和 100px 的高度。

其效果如图 9-18 所示。

（1）relative：使元素相对于文档流的位置偏移一段距离。元素遵循默认的文档流，相对于元素的原位置进行移动，周围元素忽略该元素的移动。需要设置 left、right、bottom、top 的值进行相对定位。

例如，设置第二个 div 块的 position 属性为 relative，并且设置偏移量为向右偏移50px、向下偏移 50px。

```
.div2 {
    background-color: cornflowerblue;
 position: relative;
    left: 50px;
    top: 50px;
}
```

可以看到图 9-19 中，第一个 div 块和第三个 div 块并没有移动位置，说明 relative 属性值使元素遵循默认的文档流。设置偏移量后，第二个 div 块则向右、向下分别偏移 50px。

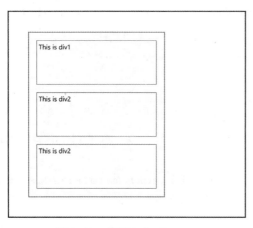

图 9-18　设定 3 个 div

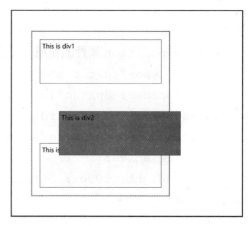

图 9-19　relative 属性使用（1）

```
.div2 {
    background-color: cornflowerblue;
 position: relative;
    left: -50px;
    top: 50px;
}
```

当设置左偏移量为 -50px 时，效果如图 9-20 所示，第二元素块向左偏移了50px。

（2）absolute：使元素相对于文档流的位置或最近定位祖先元素的位置偏移一定的距离。元素脱离默认的文档流，相对于包含该元素的第一个非静态定位的元素进行定位。需要设置 left、right、bottom、

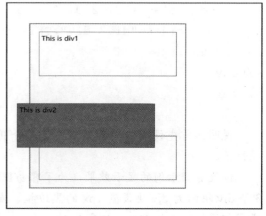

图 9-20　relative 属性使用（2）

top 值进行绝对定位。

对于元素，使用 width、height 可以设置它的尺寸，设定百分数是相对于最近定位祖先元素的尺寸。

例如，设置第二个 div 块的 position 属性为 absolute，并且设置偏移量为向右偏移 50px、向下偏移 50px。注意，此时没有设置该元素的父元素的 position 值为非默认值。

```css
.div2 {
    background-color:cornflowerblue;
 position: absolute;
    left: 20px;
    top: 20px;
}
```

从图 9-21 中看到，第三块 div 元素向上移动，第二块 div 元素脱离了原来的文档流。而在没有设置该元素的父元素的 position 值为非默认值时，第二个 div 元素块是相对于 body 的值来向右、向下偏移的。

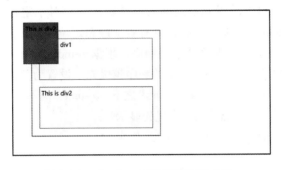

图 9-21　absolute 属性值的使用（1）

再来看设置了该元素的父元素的 position 值为非默认值的情况。

```css
.div0 {
    border: 1px solid black;
    width: 50%;
    background-color: #f0f0f0;
    margin: 50px;
position: relative;
}
```

当设置了该元素的父元素的 position 值为非默认值的情况时，此时的第二个 div 元素块则是相对于包含 3 个元素块的大 div 元素块来进行向右、向下偏移，如图 9-22 所示。

（3）fixed：使元素相对于视口偏移一定的距离。元素脱离默认的文档流，相对于最外层的 window 进行定位，固定

图 9-22　absolute 属性值的使用（2）

在屏幕上的某个位置，不因屏幕滚动而消失。需要设置 left、right、bottom、top 值进行定位。

例如，设置第二个 div 块的 position 属性为 fixed，并且设置偏移量为向右偏移 20px、向下偏移 200px。

```
.div2 {
    background-color:cornflowerblue;
position: fixed;
    right: 20px;
    top: 200px;
}
```

从图 9-23 中可以看出，第二个 div 元素块的位置在右下角，是相对于视口进行了向右 20px、向下 200px 的偏移，并且在页面滑动时，也会保持同样的位置不变。

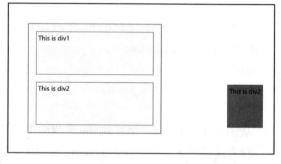

图 9-23　fixed 属性值的使用

（4）z-index：可用于设置元素之间的层叠顺序。只对于定位元素有效，即只对于 position 属性值为 absolute、relative 和 fixed 有效。静态定位元素按照文档出现顺序从后往前进行堆叠。设定位置元素忽略文档出现顺序，根据 z-index 值由小到大的顺序从后往前堆叠，即 z-index 的值越高表示元素显示的顺序越优先。设置为负值，z-index 的设定位置元素位于静态定位元素和非设定位置浮动元素之下。z-index 值不必为连续值，其默认值为 auto。当设置的值相同时，后加载的元素优先显示。

例如，将 relative 示例的元素设置 -index 值为 -1。

```
.div2 {
    background-color:cornflowerblue;
 position: relative;
    left: 50px;
    top: 50px;
    z-index: -1;
}
```

从图 9-24 中可以看到，当元素的 z-index 设置为负值时，设定位置元素位于静态定位元素之下，即在第二个 div 元素的父元素 div0 的位置之下。

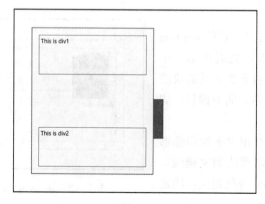

图 9-24　z-index 属性值的使用

项目实施

步骤 1：使用 HTML 标签制作用户登录版块，效果如图 9-25 所示。

```html
<!DOCTYPE html>
<html lang="en">
<head>
    <meta charset="UTF-8">
     <meta name="viewport" content="width=device-width, initial-scale=1. 0">
    <title>用户注册页面</title>
</head>
<body>
    <form action="" method="POST" name="" id="form">
     <fieldset>
        <legend>用户登录</legend>
        <ul>
            <li><label for="xingming">用户名:</label><input type="text" name="xingming" id="xingming"></li>
            <li><label for="mima">密码: </label><input type="password"name="mima" id="mima"></li>
            <li><input type="submit" name="sub" id="sub" value="登录"></li>
        </ul>
     </fieldset>
    </form>
</body>
</html>
```

图 9-25　制作用户登录版块

步骤 2：使用 HTML 标签制作用户登录、注册版块，效果如图 9-26 所示。

```html
<fieldset>
  <legend>用户注册</legend>
    <ul>
     <li><label for="xingming2">用户名:</label><input type="text" name="xingming2" id="xingming2">*（最多 30 个字符）
    </li>
```

```
<li><label for="mima2">密码：</label><input type="password" nam
e="mima2" id="mima2">*（最多 30 个字符）</li>
 <li><label for="mima2">确认密码：</label><input type="password" na
me="mima2" id="mima2">*（密码需要一致）</li>
    <li><label for="">密码保护问题：</label><select name="baohu" id
="baohu">
<option value="0">请选择密码提示的问题</option>
<option value="1">你叫什么名字？</option>
<option value="2">你今年多大了？</option>
</select></li>
<li><label for="daan">密码保护答案：</label><input type="text" name=
"daan" id="daan"></li>
    <li><label for="zhengjian">请上传你工作证扫描件：</label><input
type="file" name="zhengjian" id="zhengjian"value="工作证扫描件">*（可
不上传）</li>
<li><label for="xingbie">性 别 :</label><label><input type="radio"
name="nan" id="nan">男</label><label><input type="radio" name="nv
" id="nv">女</label></li>
 <li><label for="liuyan">本站留言：</label><br><textarea name="liuy
an" id="" cols="30" rows="10"></textarea>
    </li>
 <li><label for="tongyi">同意服务条款：</label><input type="checkbo
x" name="tongyi" id="tongyi"><a href="#">查看服务条款</a></li>
    <li><input type="submit" name="sub2" id="sub2" value="提交"></
li>
</ul>
 </fieldset>
```

图 9-26　制作用户登录、注册版块

步骤 3：将表单元素样式清除，效果如图 9-27 所示。

```
<style type="text/css">
*{margin: 0px; padding:0px;}
</style>
```

步骤 4：设置表单 <form> 标签宽度为 600px，居中对齐，整个表单内部字体大小为 14px，行高 2.0em，效果如图 9-28 所示。

```
<style type="text/css">
form {
          width: 600px;
          margin: 0 auto;
          font-size: 14px;
          line-height: 2. 0em;

      }
</style>
```

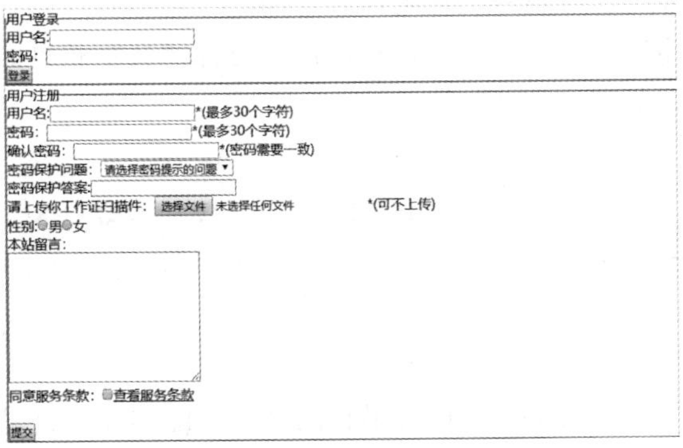

图 9-27　清除样式

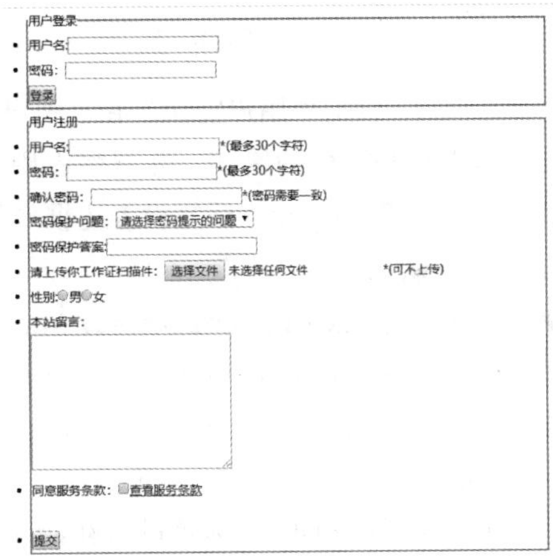

图 9-28　设置表单样式

步骤 5：取消列表项前的项目符号，效果如图 9-29 所示。

```
<style type="text/css">
        ul{ list-style-type: none;}
</style>
```

步骤 6：表单 <fieldset> 标签设置上下 15px，居中对齐，设置文字对齐方式为居中对齐，边框为圆角效果，实线，蓝色，效果如图 9-30 所示。

```
<style type="text/css">
    fieldset {
            margin: 15px auto;
            text-align: center;
            width: 600px;
            border-radius: 5px;
            border:cornflowerblue 1px outset;

        }
```

```
</style>
```

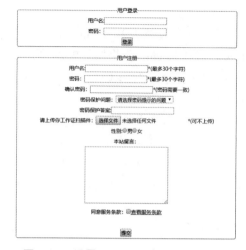

图 9-29　取消项目符号　　　　　图 9-30　设置 <fieldset> 标签样式

步骤 7：针对"用户登录"和"用户注册"上下区域的标题，设置 <legend> 标签样式。设置内边距和边框的属性，并观察占用的空间，对文字进行加粗，以区分标题文字和页面默认文字，将 <legend> 标签设置边框效果，如图 9-31 所示。

```
<style type="text/css">
  legend{border:cornflowerblue 1px outset; border-radius: 5px;text-
align: left;background-color:cornflowerblue; padding:2px 12px; font-
weight: bold;}
</style>
```

步骤 8：对 <label> 标签进行初始化，宽度为 160px，保证最长的文字也能够在一行显示，设置为左浮动确保该标签为块布局属性，文字右对齐确保文字右侧与表单 <input> 标签左侧在一起。行高设置为 20px，以下步骤表单的元素也是 20px，效果如图 9-32 所示。

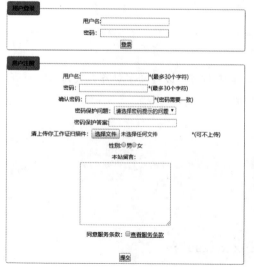

图 9-31　设置 <legend> 标签样式　　　　　图 9-32　设置 <label> 标签样式

```
<style type="text/css">
label{width:160px;line-height: 20px; color: firebrick;float:left;text-
align: right;}
</style>
```

步骤9：设置用户登录版块"用户名""密码"的 class 属性，主要设置文本框的宽度、高度、边框线型、粗细、颜色，通过相对定位在其当前位置向左移动 130px，效果如图 9-33 所示。

```
<style type="text/css">
.txt{width: 150px;height:20px; position: relative;left:
-130px; border: 1px solid #094e87;}
</style>
```

图 9-33　设置用户登录版块文本框

步骤10：设置用户注册版块 "用户名" "密码" "确认密码"的 class 属性，主要设置文本框的宽度、高度、边框线型、粗细、颜色，通过相对定位在其当前位置向左移动 80px，效果如图 9-34 所示。

```
<style type="text/css">
.txt2{width: 150px;height:20px; position: relative;left:-
80px;border: 1px solid #094e87;}
</style>
```

图 9-34　设置用户注册版块文本框

步骤11：设置用户注册版块 "密码保护问题" "密码保护答案"的 class 属性，主要设置下拉列表、文本框的宽度、高度、边框线型、粗细、颜色，通过相对定位在其当前位置向左移动 130px，效果如图 9-35 所示。

```
<style type="text/css">
.sel{width: 150px;height:20px; position: relative;left:-
130px;border: 1px solid #094e87;}
</style>
```

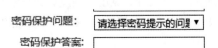

图 9-35　设置用户注册版块下拉列表、文本框

步骤 12：设置用户注册版块"请上传你工作证扫描件"的 class 属性，主要设置其宽度，通过相对定位在其当前位置向左移动 95px，效果如图 9-36 所示。

```
<style type="text/css">
.fie{position: relative;left:-95px; width: 150px;}
</style>
```

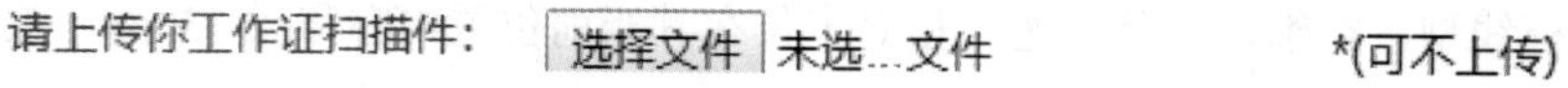

请上传你工作证扫描件：　选择文件 未选...文件　　　　*(可不上传)

图 9-36　设置用户注册版块文件选择框样式

步骤 13：设置用户注册版块"性别"的 class 属性，通过相对定位在其当前位置向左移动 180px，外左边距为 10px，效果如图 9-37 所示。

```
<style type="text/css">
.xbie1{position: relative;left:-180px; margin-left: 10px;}
</style>
```

性别：○男 ○女

图 9-37　设置用户注册版块单选按钮

步骤 14：设置用户注册版块"本站留言"的 class 属性，主要设置文本框的宽度、高度、边框线型、粗细、颜色，通过相对定位在其当前位置向左移动 20px，外左边距为 10px，效果如图 9-38 所示。

```
<style type="text/css">
textarea{height:80px; width: 220px;border: 1px solid #094e87;
position: relative;left:-20px; margin-left: 10px;}
</style>
```

本站留言：

图 9-38　文本域标签的设置

步骤 15：设置用户注册版块"同意服务条款"的 class 属性，通过相对定位在其当前位置向左移动 60px，效果如图 9-39 所示。

```
<style type="text/css">
.tongyi{position: relative;left:-60px; }
</style>
```

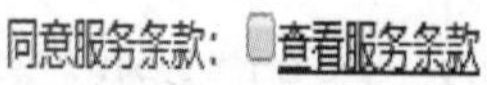

同意服务条款：□查看服务条款

图 9-39　设置用户注册版块复选框

步骤 16：对登录按钮、提交按钮设置，设置其宽度、高度、边框线型、粗细、颜色、内边距、外边距，通过相对定位在其当前位置向左移动 30px，效果如图 9-40 所示。

```
<style type="text/css">
```

```
.btm{width:80px; height:20xp;border: 1px solid #094e87;padding:3px
6px; margin:10px auto;position: relative;left:-30px;}
```
 </style>

步骤 17：文件保存为 9-5.html，最终效果如图 9-40 所示。完整的代码如下。

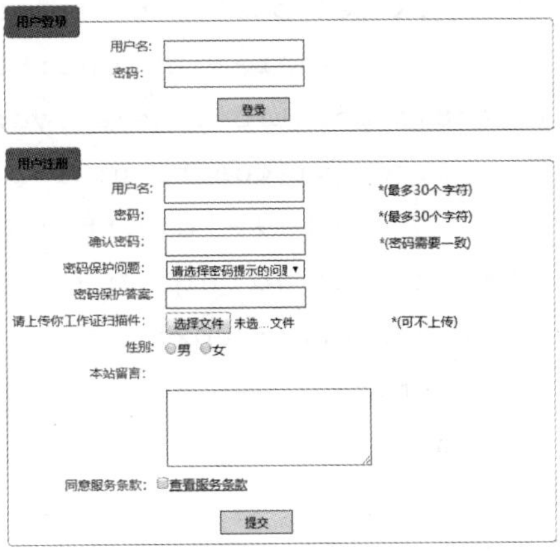

图 9-40　设置登录按钮、提交按钮

```
<!DOCTYPE html>
<html lang="en">
<head>
    <meta charset="UTF-8">
    <meta name="viewport" content="width=device-width, initial-scale=1.0">
    <title>用户注册页面</title>
    <style type="text/css">
        *{margin:0px; padding: 0px;}
        form {
            width: 600px;
            margin: 0 auto;
            font-size: 14px;
            line-height: 2.0em;
        }
        ul{ list-style-type: none;}
        fieldset {
            margin: 15px auto;
            text-align: center;
            width: 600px;
            border-radius: 5px;
            border:cornflowerblue 1px outset;
        }
        legend{border:cornflowerblue 1px outset; border-radius:
5px;text-align: left;background-color:cornflowerblue; padding:2px
12px; font-weight: bold;}
        label{width:160px;line-height: 20px; color:
firebrick;float:left;text-align: right;}
        .txt{width: 150px;height:20px; position: relative;left:-
130px; border: 1px solid #094e87;}
        .txt2{width: 150px;height:20px; position: relative;left:-
80px;border: 1px solid #094e87;}
        .sel{width: 150px;height:20px; position: relative;left:-
```

```
130px;border: 1px solid #094e87;}
        .fie{position: relative;left:-95px; width: 150px;}
        .xbie1{position: relative;left:-180px; margin-left: 10px;}
            textarea{height:80px; width: 220px;border: 1px solid
#094e87; position: relative;left:-20px; margin-left: 10px;}
        .tongyi{position: relative;left:-60px; }
            .btm{width:80px; height:20xp;border: 1px solid
#094e87;padding:3px 6px; margin:10px auto;position:
relative;left:-30px;}
    </style>
</head>


<body>
    <form action="" method="POST" name="" id="form">
        <fieldset>
            <legend>用户登录</legend>
            <ul>
                <li><label for="xingming">用户名:</label><input
type="text" name="xingming" id="xingming" class="txt"></li>
                <li><label for="mima">密 码:</label><input
type="password" name="mima" id="mima" class="txt"></li>
                <li><input type="submit" name="sub" id="sub"
value="登录" class="btm"></li>
            </ul>
        </fieldset>
        <fieldset>
            <legend>用户注册</legend>
            <ul>
                <li><label for="xingming2">用户名:</label><input
type="text" name="xingming2" id="xingming2" class="txt2">*(最多30
个字符)
                </li>
                <li><label for="mima2">密 码:</label><input
type="password" name="mima2" id="mima2" class="txt2">*(最多30个字
符)</li>
                <li><label for="mima2">确认密码:</label><input
type="password" name="mima2" id="mima2" class="txt2">*(密码需要一
致)</li>

                <li><label for="">密码保护问题:</label><select
```

```
name="baohu" id="baohu" class="sel">
                              <option value="0">请选择密码提示的问题</
option>
                        <option value="1">你叫什么名字？</option>
                        <option value="2">你今年多大了？</option>
                    </select></li>
                <li><label for="daan">密码保护答案：</label><input
type="text" name="daan" id="daan" class="sel"></li>
                <li><label for="zhengjian">请上传你工作证扫描件：</
label><input type="file" name="zhengjian" id="zhengjian"
                    value="工作证扫描件" class="fie">*（可不上传）</
li>
                    <li><label for="xingbie">性别：</label><label
class="xbie1"><input type="radio" name="nan" id="nan" >男</
label><label class="xbie1"><input type="radio"
                    name="nv" id="nv" >女</label></li>
                    <li><label for="liuyan">本 站 留 言：</
label><br><textarea name="liuyan" id="" cols="30" rows="10"></
textarea>
                </li>
                    <li><label for="tongyi">同意服务条款：</label
><label class="tongyi"><input type="checkbox" name="tongyi"
id="tongyi"><ahref="#">查看服务条款</a></label></li><br>
                    <li><input type="submit" name="sub2" id="sub2"
value=" 提交 "class="btm"></li>
            </ul>
        </fieldset>
    </form>
</body>
</html>
```

项 目 总 结

    本项目主要学习了构建表单的 HTML 结构和使用 CSS 美化表单的方法，通过使用 position 属性值，将表单元素对齐。在项目制作过程中，理解每个标签、属性的作用及它们所展现出来的效果。

    本项目知识点见表 9-1～表 9-3。

项目拓展

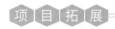

启动 Visual Studio Code 编辑器，根据如图 9-41 所示的效果完成代码的编写，保存文件名为 9-6.html。

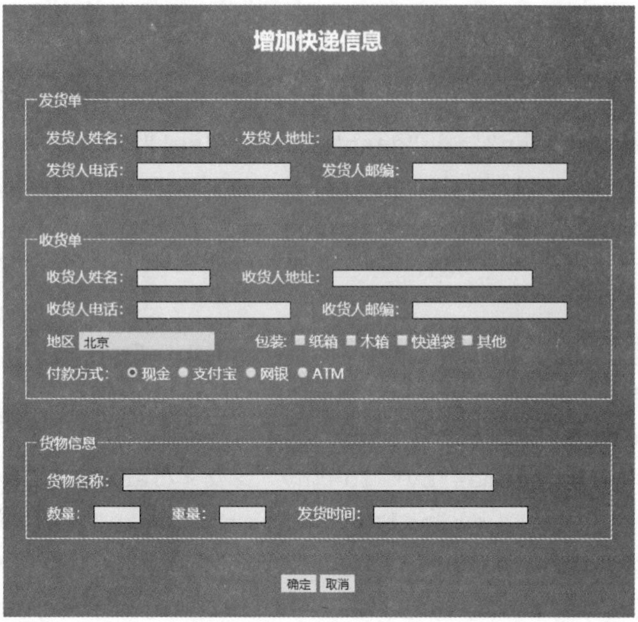

图 9-41　项目拓展效果

项目 | 10 | 使用 CSS3 动画

 项目目标

知识目标

1．了解 CSS3 动画的分类。

2．掌握旋转函数、缩放函数、移动函数的使用。

3．掌握使用 animation 属性定义动画的方法。

技能目标

使用 CSS3 动画设计一些简单的动画效果。

项目描述

CSS3 动画分为 transition 和 animation 两种，它们都是通过持续改变 CSS 属性产生动态样式效果的。transition 功能支持属性从一个值平滑过渡到另一个值，由此产生渐变的动态效果；animation 功能支持通过关键帧产生序列渐变动画，每个关键帧中可以包含多个动态属性，从而可以在页面上生成多帧复杂的动画效果。

本项目使用 CSS3 动画设计一个小球沿着方形框内壁匀速运动，动画时长为 5 s，动画类型为匀速渐变，动画无限播放。

项目分析

1．使用 div 标签设计一个方形框。

2．使用 div 标签及图片的背景属性将小球放入方形框内。

3．使用 animation 属性及设置关键帧的方法设计小球的运动效果。

项目完成的效果如图 10-1 所示。

图 10-1　小球运动效果

■ 知识引入

子任务 1　定义旋转

微课

transform 属性向元素应用 2D 或 3D 转换。该属性允许设计者对元素进行旋转、缩放、移动或倾斜。其语法格式如下。

```
transform: none|transform-functions;
```

说明：transform 属性的初始值是 none，适用于块元素和行内元素；transform-functions 设置变换函数。本任务中用的函数是 rotate ( )。rotate ( ) 函数能够旋转指定的元素对象，它主要在二维空间内进行操作，接收一个角度参数值，用来指定旋转的幅度。其语法格式如下。

```
rotate (<angle>)
```

【例 10-1】启动 Visual Studio Code 编辑器，输入以下代码，文件名保存为 10-1.html，效果如图 10-2 所示。

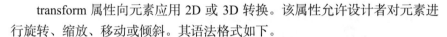

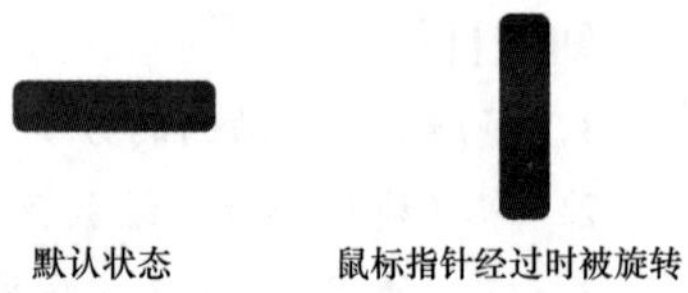

默认状态　　鼠标指针经过时被旋转

图 10-2　旋转函数的使用

```
<!DOCTYPE html>
<html lang="en">
<head>
    <meta charset="UTF-8">
    <meta name="viewport" content="width=device-width, initial-scale=1. 0">
    <title>定义旋转效果</title>
    <style type="text/css">
      div{margin: 100px auto;
        width: 200px;
        height: 50px;
        background-color: blue;
        border-radius: 12px;}
        div:hover{
            transform: rotate (-90deg);/* 当鼠标指针移过时 div 盒子旋
转 90°*/
        }
    </style>
</head>
<body>
    <div></div>
</body>
</html>
```

子任务 2　定义缩放

scale ( ) 函数能够缩放元素大小，该函数包含两个参数值，分别用来定义宽和高缩放比例。其语法格式如下。

```
scale（<number>）
```

说明：<number> 参数值可以是正数、负数和小数。正数值基于指定的宽度和高度将放大元素。负数值不会缩小元素，而是翻转元素（如文字被反转），然后再缩放元素。使用小于 1 的小数（如 0.5）可以缩小元素。

【例 10-2】启动 Visual Studio Code 编辑器，输入以下代码，文件名保存为 10-2.html，效果如图 10-3 所示。

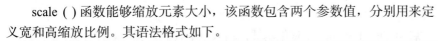

默认状态　　　　鼠标指针经过时被放大

图 10-3　缩放函数的使用

```html
<!DOCTYPE html>
<html lang="en">
<head>
    <meta charset="UTF-8">
     <meta name="viewport" content="width=device-width, initial-scale=1. 0">
    <title>定义旋转效果</title>
    <style type="text/css">
      div{margin: 100px auto;
        width: 200px;
        height: 50px;
        background-color: blue;
        border-radius: 12px;}
        div:hover{
        transform: scale（1. 5）;/* 当鼠标指针移过时 div 盒子放大 1.5 倍尺寸进行显示 */
        }
    </style>
</head>
<body>
    <div></div>
</body>
</html>
```

子任务 3　定义移动

translate ( ) 函数能够重新定位元素的坐标，该函数包含两个参数值，分别用来定义 *x* 轴和 *y* 轴的坐标。其语法格式如下。

微课

```
translate (<translate-value>[, < translate-value >])
```

说明：<translate-value> 参数表示坐标值，第 1 个参数表示相对原位置的 x 轴偏移距离，第 2 个参数表示相对原位置的 y 轴偏移距离，如果省略第 2 个参数，则第 2 个参数值默认值为 0。

【例 10-3】启动 Visual Studio Code 编辑器，输入以下代码，文件名保存为 10-3.html，效果如图 10-4 所示。

默认状态
鼠标指针经过时发生位移变色

图 10-4　移动函数的使用

```
<!DOCTYPE html>
<html lang="en">
<head>
    <meta charset="UTF-8">
     <meta name="viewport" content="width=device-width, initial-
scale=1. 0">
    <title>移动函数的使用</title>
    <style type="text/css">
       .test{width:50px;
             height:50px;
             background-color: lightblue;}
      .test:hover{
                  transform: translate (200px, 20px) ;
background-color: blue;
      }
    </style>
</head>
<body>
    <div class="test">
    </div>
</body>
</html>
```

子任务 4　设计帧动画

微课

1. 使用 animation 属性

CSS3 使用 animation 属性定义帧动画。目前最新版本的主流浏览器都支持 CSS 帧动画。

animation 属性是一个简写属性，用于设置 6 个动画属性：animation-name、animation-duration、animation-timing-function、animation-delay、animation-iteration-count、animation-direction。

animation 属性的语法格式如下。

```
animation: name duration timing-function delay iteration-count
direction;
```

animation 属性值如表 10-1 所示。

表 10-1　animation 属性值

值	描述
animation-name	规定需要绑定到选择器的 keyframe 名称
animation-duration	规定完成动画所花费的时间，以秒或毫秒计
animation-timing-function	规定动画的类型。 linear：匀速。 ease：相对于匀速，中间快，两头慢。 ease-in：相对于匀速，开始的时候慢，之后快。 ease-out：相对于匀速，开始时快，结束时慢。 ease-in-out：相对于匀速，两头慢（开始和结束都慢）
animation-delay	规定在动画开始之前的延迟
animation-iteration-count	规定动画应该播放的次数。它可以定义两种：一种是具体的播放次数（n），另一种是无限循环（infinite）
animation-direction	规定是否应该轮流反向播放动画。它有 4 个值，分别是 normal（正常播放）、reverse（反向播放）、alternate（奇数次正向，偶数次反向）、alternate-reverse（偶数次正向，奇数次反向）

2. 设置关键帧

CSS3 使用 @keyframes 定义关键帧。具体用法如下。

```
@keyframes animationname{
    Keyframe-selector{
        css-styles;
    }
}
```

其中的参数说明如下。

（1）animationname：定义动画名称。

（2）Keyframes-selector：定义帧的时间，也就是动画时长的百分比，合法的值包括 0%～100%、from（等价于 0%）、to（等价于 100%）。

（3）css-styles：表示一个或多个合法的 CSS 样式属性。

在设计动画的过程中，用户能多次改变这套 CSS 样式。以百分比来定义样式改变发生的时间，或者通过关键词 from 和 to。为了获得最佳浏览器支持，在设计关键帧动画时，应该定义 0% 和 100% 位置帧。最后，为每帧定义动态样式，同时将动画与选择器绑定。

【例 10-4】启动 Visual Studio Code 编辑器，输入以下代码，设计一个小球，并定义它水平向右运动再返回起始点位置，文件名保存为 10-4.html，效果如图 10-5 所示。

```
<!DOCTYPE html>
<html lang="en">
<head>
    <meta charset="UTF-8">
    <meta name="viewport" content="width=device-width, initial-
```

图 10-5　小球向右运动

```
scale=1. 0">
    <title>设计小球水平运动动画 </title>
    <style type="text/css">
        .ball{
            width: 50px;
            height: 50px;
            background-image: url（img/planet-4. png）;
            background-size: 80%;
            background-repeat: no-repeat;
            border-radius: 10px;
            /* 定义帧动画：动画名称为 ball，动画时长 5s，动画类型为匀速渐变，动
画无限播放 */
            animation: ball 5s linear infinite;}
            /* 定义关键帧：共包括 5 帧，分别在总时长 0%、25%、50%、75%、100%
的位置 */
                /* 每帧中设置动画属性为 left 和 top，让它们的值匀速渐变，产生运动
动画 */
        @keyframes ball{
            0%{transform: translate（0, 0）;}
            100%{transform: translate（1000px）;}
        }
    </style>
</head>
<body>
    <div class="ball">
    </div>
</body>
</html>
```

项目实施

步骤 1：首先建立简单的页面框架，建立一个外框和一个内框，其 HTML 代码如下。

```
<!DOCTYPE html>
<html lang="en">
<head>
    <meta charset="UTF-8">
    <meta name="viewport" content="width=device-width, initial-
```

微课

```
scale=1. 0">
    <title> 设计小球运动动画 </title>
</head>
<body>
    <body>
        <div class="waikuang">
            <div class="test"></div>
        </div>
    </body>
</body>
</html>
```

步骤 2：设置外框的大小、边框样式及相对位置，效果如图
10-6 所示。

```
<style type="text/css">
    .waikuang{
        position: relative;
/* 定义定位包含框作为小球元素的父元素，避免小球跑到外面运动 */
        border: solid 1px blue;
        width:500px;
        height: 500px;
    }
</style>
```

图 10-6　设置外框效果

步骤 3：将小球添加进方框内。设置小球的初始位置在左上角位置，并定义帧动画：
动画名称为 ball，动画时长 5s，动画类型为匀速渐变，动画无限播放，效果如图 10-7 所示。

```
<style type="text/css">
 .test{
        position:absolute;
/* 小球元素相对定位 */
        left: 0;
        top:0;
        width: 50px;
        height: 50px;
        background-image: url（img/planet-4. png）;
        background-size: 80%;
        background-repeat: no-repeat;
/* 定义帧动画：动画名称为 ball，动画时长 5s，动画类型为匀速渐变，动画无限
播放 */
        animation: ball 5s linear infinite;
            }
 </style>
```

图 10-7　设置小球的初始状态

步骤 4：定义关键帧，共包括 5 帧，分别在总时长 0%、25%、50%、75%、100% 的位置，每帧中设置动画属性为 left 和 top，让它们的值匀速渐变，产生运动动画，效果如图 10-8 所示。

图 10-8　设置小球的运动动画

```
<style type="text/css">
      @keyframes ball{
        0%{left:0;top:0;}  /* 总时长为 0% 时, 小
球位置在左上角 */
            25%{left:450px; top:0;}  /* 总时长为 25% 时, 小球向右移
450px */
            50%{left:450px;top:450px;}  /* 总时长为 50% 时, 小球向下移
450px */
        75%{left:0;top:450px;}  /* 总时长为 75% 时, 小球向左移 450px */
        100%{left:0;top:0;}      /* 总时长为 100% 时, 小球上移 450px */
      }
  </style>
```

步骤 5：文件保存为 10-5.html，最终效果如图 10-8 所示。完整的代码如下。

```
<!DOCTYPE html>
<html lang="en">
<head>
    <meta charset="UTF-8">
     <meta name="viewport" content="width=device-width, initial-
scale=1. 0">
    <title> 设计小球运动动画 </title>
    <style type="text/css">
    .waikuang{
        position: relative;/* 定义定位包含框，避免小球跑到外面运动 */
        border: solid 1px blue;
        width:500px;
        height:500px;
    }
      .test{
        position:absolute;
/* 小球元素相对定位 */
        left: 0;
        top:0;
         width: 50px;
         height: 50px;
        background-image: url (img/planet-4. png);
        background-size: 80%;
```

```
            background-repeat: no-repeat;

            /* 定义帧动画：动画名称为 ball，动画时长 5s，动画类型为匀速渐变，动
画无限播放 */
            animation: ball 5s linear infinite;}
   /* 定义关键帧：共包括 5 帧，分别在总时长 0%、25%、50%、75%、100% 的位置 */
   /* 每帧中设置动画属性为 left 和 top，让它们的值匀速渐变，产生运动动画 */
       @keyframes ball{
           0%{left:0;top:0;} /* 总时长为 0% 时，小球位置在左上角 */
              25%{left:450px; top:0;} /* 总 时 长 为 25% 时， 小 球 向 右 移
450px */
              50%{left:450px;top:450px;} /* 总 时 长 为 50% 时，小球向下移
450px */
              75%{left:0;top:450px;} /* 总时长为 75% 时，小球向左移 450px */
              100%{left:0;top:0;}     /* 总时长为 100% 时，小球上移 450px */
       }
   </style>
</head>
<body>
   <div class="waikuang">
       <div class="test"></div>
   </div>
</body>
</html>
```

项 目 总 结

该项目在完成的过程中用到了定义动画、定义关键帧的方法属性，理解每个属性的作
用及它们所展现出来的效果。

本项目的知识点总结如下。

使用 @keyframes 定义关键帧。

```
@keyframes animationname{
   Keyframe-selector{
       css-styles;
   }
}
```

animation 属性的语法格式如下，其属性值见表 10-1。

```
animation: name duration timing-function delay iteration-count
direction;
```

启动 Visual Studio Code 编辑器，根据如图 10-9 所示的效果完成代码的编写，要求图中的小球沿着正方形的边框运动，保存文件名为 10-6.html。

图 10-9　设计小盒子运动动画

项目 11 HTML5+CSS3 网页排版——企业网站的制作

项目目标

知识目标

1. 掌握盒子模型的基本概念。
2. 掌握设置元素边框、边界、填充和宽度等控制大小和间距的 CSS 属性。
3. 能够对整个页面使用 HTML5 新标签、<div> 标签进行布局及结构设计。
4. 掌握浮动布局的基本原理和 float 属性的使用。
5. 掌握设置页面整体居中的方法。

技能目标

1. 能制作出静态的 HTML 页面，网页的布局整齐美观。
2. 导航栏可以互相访问页面。

项目描述

网页布局是 CSS 的核心，如何利用 CSS 来控制 HTML 元素的位置、显示方式和大小等一直是网页制作者关注的重点。设计 HTML5 结构、盒子模型、浮动和定位是进行 CSS 网页布局的基础。

正航科技股份有限公司是一家刚成立的公司，本项目为该公司建立网站，因为很多素材还没准备好，该网站只有两张静态页面。

项目分析

1. 网站头部由网站的 LOGO 及导航栏组成。
2. 导航栏由首页、企业新闻、行业动态、网站留言、企业留言组成。
3. 第一张页面是关于企业介绍的主页，网页主体部分由企业介绍信息及企业图片组成。
4. 第二张页面是企业新闻列表页，网页头部在主页的基础上添加 banner，网页主体部分由导航区和新闻列表区两部分组成。

5. 两张静态页面通过导航栏访问。

6. 两张网页的底部信息相同。

项目完成的最终效果如图11-1所示。

图 11-1 项目完成的最终效果

子任务 1 了解 div 盒子

微课

<div>（division）简单而言是一个区块容器标记，即 <div> 与 </div> 之间相当于一个容器，可以容纳段落、标题、表格、图片乃至章节、摘要和备注等各种 HTML 元素。因此，可以把 <div> 与 </div> 的内容视为一个独立的对象，用于 CSS 的控制。声明时只需要对 <div> 进行相应的控制，其中的各标记元素都会因此而改变。

【例 11-1】启动 Visual Studio Code 编辑器，输入以下代码，文件名保存为 11-1. html，掌握 div 的使用，效果如图 11-2 所示。

```
<!DOCTYPE html>
<html lang="en">
<head>
    <meta charset="UTF-8">
     <meta name="viewport" content="width=device-width, initial-scale=1. 0">
    <title> 了解 div</title>
    <style type="text/css">
        div{
            font-size:18px;                    /* 字号大小 */
            font-weight:bold;                  /* 字体粗细 */
            font-family:Arial;                 /* 字体 */
            color:#FF0000;                     /* 颜色 */
            background-color:#FFFF00;           /* 背景颜色 */
            text-align:center;                 /* 对齐方式 */
            width:300px;                       /* 块宽度 */
            height:100px;                      /* 块高度 */
        }
        </style>
</head>
<body>
    <div>
        这是一个 div 标签
    </div>
 </body>
    </html>
```

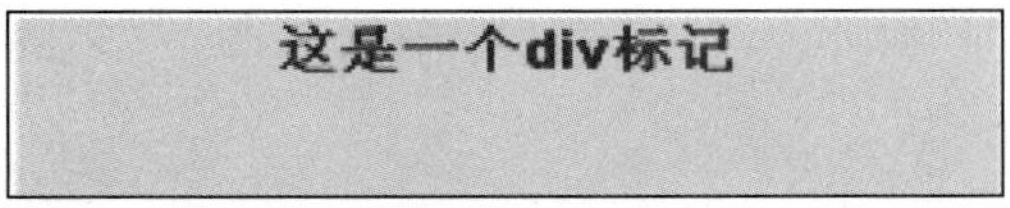

这是一个**div**标记

图 11-2 div 标签

子任务 2　了解 span 标签与 div 标签的区别

微课

　　<span> 标签与 <div> 标签一样，作为容器标签而被广泛应用在 HTML 语言中。在 <span> 与 </span> 中间同样可以容纳各种 HTML 元素，从而形成独立的对象。如果把 <div> 替换成 <span>，样式表中把"div"替换成"span"执行后也会发现效果完全一样。可以说 <div> 与 <span> 这两个标签起到的作用都是独立出各个区块，在这个意义上二者没有太多的不同。

　　<div> 与 <span> 的区别在于，<div> 是一个块级（block-level）元素，它包围的元素会自动换行。而 <span> 仅仅是一个行内元素（inline elements），在它的前后不会换行。<span> 没有结构上的意义，纯粹是应用样式，当其他行内元素都不合适时，就可以使用 <span> 元素。

　　此外，<span> 标签可以包含于 <div> 标签之中，成为它的子元素，而反过来则不成立，即 <span> 标签不能包含 <div> 标签。

　　【例 11-2】启动 Visual Studio Code 编辑器，输入以下代码，文件名保存为 11-2. html，掌握 <div> 与 <span> 标签的区别，效果如图 11-3 所示。

```html
<!DOCTYPE html>
<html lang="en">
<head>
    <meta charset="UTF-8">
     <meta name="viewport" content="width=device-width,  initial-scale=1. 0">
    <title>div 与 span 的区别 </title>
    <style type="text/css">
     .img{height:120px; width:150px;}
    </style>
</head>
<body>
    <body>
        <p>div 标记不同行：</p>
        <div><img src="img/photo1. png" class="img"></div>
        <div><img src="img/photo2. png" class="img"></div>
        <div><img src="img/photo3. png"class="img"></div>
        <p>span 标记同一行：</p>
        <span><img src="img/photo1. png" class="img"></span>
        <span><img src="img/photo2. png" class="img"></span>
        <span><img src="img/photo3. png" class="img"></span>
    </body>
 </body>
</html>
```

div标记不同行：

span标记同一行：

图 11-3　div 与 span 标签

说明：从以上的例子可以看到，div 标记的 3 幅图片被分在了 3 行中，而 span 标记的图片没有换行。

子任务 3　div 盒子模型的组成及属性的使用

盒子模型的组成如图 11-4 所示。

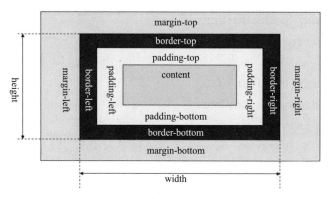

图 11-4　盒子模型的组成

从图 11-4 可以看到，一个盒子模型由 content（内容）、border（边框）、padding（内边距）和 margin（外边距）这 4 个部分组成。

例如，一个盒子的 margin 为 20px，border 为 1px，padding 为 10px，content 的宽为 200px、高为 50px，如果用标准 W3C 盒子模型解释，那么这个盒子需要占据的位置为：宽 $20\times2+1\times2+10\times2+200=262px$、高 $20\times2+1\times2\times10\times2+50=112px$；盒子的实际大小为：宽 $1\times2+10\times2+200=222px$、高 $1\times2+10\times2+50=72px$；如果用 IE 盒子模型，那么这个盒

子需要占据的位置为：宽 20×2+200=240px、高 20×2+50=70px；盒子的实际大小为：宽 200px、高 50px。

一个盒子的实际宽度（或高度）是由 content+padding+border+margin 组成的。在 CSS 中可以通过设定 width 和 height 的值来控制 content 的大小，并且对于任何一个盒子，都可以分别设定 4 条边各自的 border、padding 和 margin。因此只要利用好盒子的这些属性，就能够实现各种各样的排版效果。

1. border 属性

border 的属性值主要有 3 个，分别是 color（颜色）、width（粗细）和 style（样式）。

【例 11-3】启动 Visual Studio Code 编辑器，输入以下代码，文件名保存为 11-3. html，掌握 div 的 border 属性的使用，效果如图 11-5 所示。

```html
<!DOCTYPE html>
<html lang="en">
<head>
    <meta charset="UTF-8">
     <meta name="viewport" content="width=device-width, initial-scale=1. 0">
    <title>div 的 border 属性 </title>
</head>
<style type="text/css">

div{
    border-width:6px;
    border-color:#000000;
    margin:20px; padding:5px;
    background-color: cornflowerblue;
}
.dash{border-style: dashed;}
.dotted{border-style: dotted;}
.double{border-style: double;}
</style>
    </head>
 <body>
    <div class="dash">The border-style of dashed.</div>
    <div class="dotted">The border-style of dotted.</div>
    <div class="double">The border-style of double.</div>
</body>
</html>
```

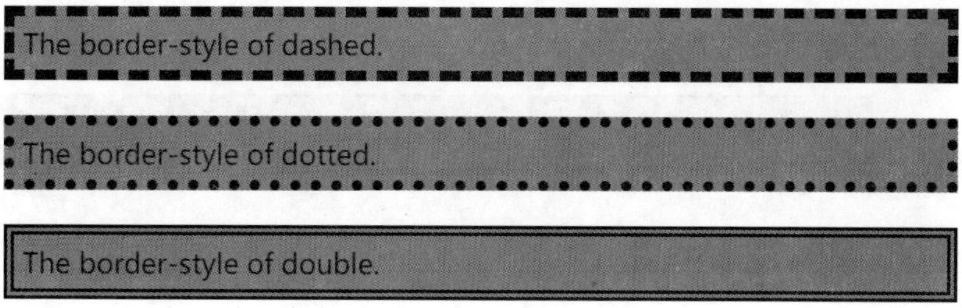

图 11-5　div 的 border 属性的使用

2．padding 属性

padding 是指控制 content 与 border 之间的距离。

【例 11-4】启动 Visual Studio Code 编辑器，输入以下代码，文件名保存为 11-4. html，掌握 padding 属性的使用，效果如图 11-6 所示。

微课

```
<!DOCTYPE html>
<html lang="en">
<head>
    <meta charset="UTF-8">
     <meta  name="viewport"  content="width=device-width,  initial-
scale=1. 0">
    <title>padding 属性的使用 </title>
    <style type="text/css">
        .outside{
            padding:10px 30px 50px 100px;    /* 同时设置，顺时针 */
            border:1px solid #000000;        /* 外边框 */
            background-color:#fffcd3;        /* 外背景 */
        }
        .inside{
            background-color:#66b2ff;        /* 内背景 */
            border:1px solid #005dbc;        /* 内边框 */
            width:100%; line-height:40px;
            text-align:center;
            font-family:Arial;
        }
        </style>
</head>
<body>
<div class="outside">
    <div class="inside">padding</div>
</div>
</body>
```

```
</html>
```

图 11-6　padding 属性的使用

3. margin 属性

margin 是指元素与元素之间的距离。用于控制块与块之间的距离。倘若将盒子模型比作展览馆里展出的一幅幅画，那么 content 就是画面本身，padding 就是画面与画框之间的留白，border 就是画框，而 margin 就是画与画之间的距离。

【例 11-5】启动 Visual Studio Code 编辑器，输入以下代码，文件名保存为 11-5.html，掌握 margin 属性的使用，效果如图 11-7 所示。

图 11-7　margin 属性的使用

```html
<!DOCTYPE html>
<html lang="en">
<head>
    <meta charset="UTF-8">
    <meta name="viewport" content="width=device-width, initial-scale=1. 0">
    <title>两个行内元素的margin</title>
    <style type="text/css">
    span{
        background-color:#a2d2ff;
        text-align:center;
        font-family:Arial, Helvetica, sans-serif;
        font-size:12px;
        padding:10px;
    }
    span.left{
        margin-right:30px;
        background-color:#a9d6ff;
    }
    span.right{
        margin-left:40px;
        background-color:#eeb0b0;
    }
    </style>
    </head>
<body>
```

```
    <span class="left">行内元素 1</span><span class="right">行
内元素 2</span>
    </body>
    </html>
```

说明：上图中两个块之间的距离为 30px+40px=70px。

margin-top 和 margin-bottom 的这个特点在实际制作网页时要特别注意，这个特点就是两个块级元素之间的距离不再是 margin-bottom 与 margin-top 的和，而是两者中的较大者。

【例 11-6】启动 Visual Studio Code 编辑器，输入以下代码，文件名保存为 11-6. html，掌握 margin 属性的使用，效果如图 11-8 所示。

```
<!DOCTYPE html>
<html lang="en">
<head>
    <meta charset="UTF-8">
     <meta name="viewport" content="width=device-width, initial-
scale=1. 0">
        <title>两个块级元素的margin</title>
    <style type="text/css">
    div{
         background-color: cornflowerblue;
        text-align:center;
        font-family:Arial, Helvetica, sans-serif;
        font-size:12px;
        padding:10px;

    }
    .box1{margin-bottom:50px;}
    .box2{margin-top:30px;}
    </style>
        </head>
    <body>
        <div class="box1">块元素 1</div>
        <div class="box2">块元素 2</div>
    </body>
    </html>
```

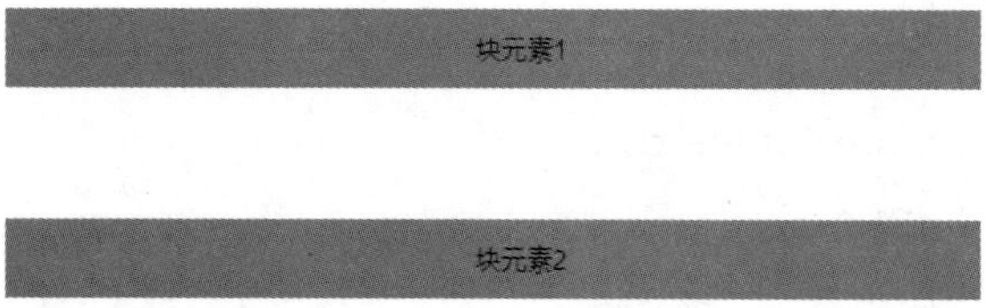

图 11-8　margin-top 和 margin-bottom 属性的使用

说明：该例子中倘若修改元素 2 的 margin-top 为 40px，会发现执行的结果没有任何变化；若修改其值为 60px，才会发现块元素 2 向下移动了 10 个元素。

子任务 4　使用元素的 float 定位

微课

浮动定位是 CSS 排版中非常重要的手段。浮动的框可以左右移动，直到外边缘碰到包含框或另一个浮动框的边缘。

float 属性值如表 11-1 所示。

表 11-1　float 属性值

属性	描述	可用值	注释
float	用于设置对象是否浮动显示，以及设置具体浮动的方式	none	不浮动。默认
		left	左浮动。文本或图像会移至父元素的左侧
		right	右浮动。文本或图像会移至父元素的右侧

下面介绍浮动的几种形式。

【例 11-7】启动 Visual Studio Code 编辑器，输入以下代码，文件名保存为 11-7.html，掌握 float 属性的使用，效果如图 11-9 所示。

```
<!DOCTYPE html>
<html lang="en">
<head>
    <meta charset="UTF-8">
    <meta name="viewport" content="width=device-width, initial-scale=1. 0">
<title>float 属性 </title>
<style>
#box{width:650px;height:450px;border:1px blue solid;}
#left{ height:150px;
    width:150px;
    margin:0px;
    border:1px blue dashed;}
#main{ height:150px;
    width:150px;
    margin:0px;
    border:1px blue dashed;}
#right{ height:150px;
    width:150px;
    margin:0px; border:1px blue dashed;}
```

```
</style>
</head>
<body>
<div id="box">
    <div id="left"></div>
    <div id="main"></div>
    <div id="right"></div>
</div>
</body>
</html>
```

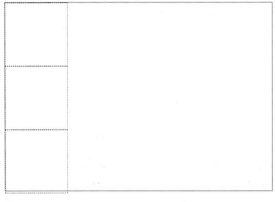

图 11-9　设置 3 个框

　　当把 left 向右浮动时，它将脱离文档流并且向右移动，直到边缘到包含框 box 的右框为止。left 向右浮动的 CSS 代码如下，效果如图 11-10 所示。

```
#left{ height:150px;
    width:150px;
    margin:0px;
    border:1px blue dashed;
    float: right;}
```

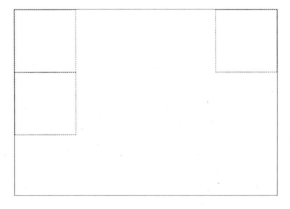

图 11-10　将 #left 框设置右浮

　　当把 left 向左浮动时，它将脱离文档流并且向左移动，直到边缘到包含框 box 的左框为止。left 向左浮动的 CSS 代码如下，效果如图 11-11 所示。

```
#left{ height:150px;
    width:150px;
    margin:0px;
    border:1px blue dashed;
    float:left;}
```

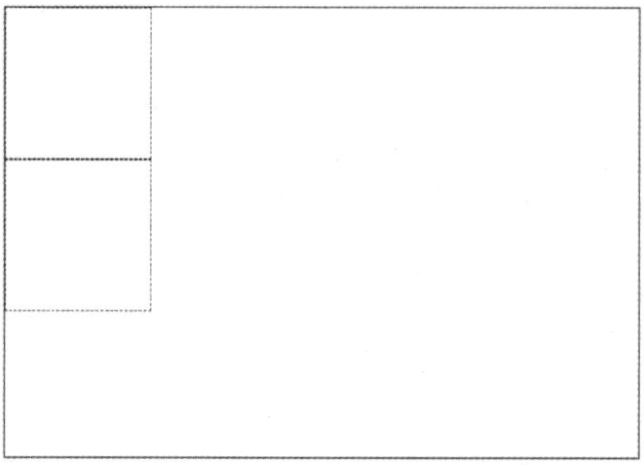

图 11-11　将 #left 框设置左浮

　　当把 3 个框向左浮动时，left 框将向左浮动直到碰到包含框 box 的左框边缘为止，另两个框向左浮动直到碰到前一个浮动框为止，如例 11-8 所示。

　　【例 11-8】启动 Visual Studio Code 编辑器，输入以下代码，文件名保存为 11-8.html，掌握 float 属性的使用，效果如图 11-12 所示。

```
<!DOCTYPE html>
<html lang="en">
<head>
    <meta charset="UTF-8">
     <meta name="viewport" content="width=device-width, initial-
scale=1. 0">
<title>flaot 属性 </title>
<style>
#box{width:650px;}
#left{ height:150px;
    width:150px;
    margin:0px;
    border:1px blue dashed;
    float:left;
    }
#main{ height:150px;
    width:150px;
    margin:0px;
```

```
        border:1px blue dashed;
        float:left;}

#right{ height:150px;
        width:150px;
        margin:0px; border:1px blue dashed;
        float: left;}
</style>
</head>
<body>
<div id="box">
        <div id="left"></div>
        <div id="main"></div>
        <div id="right"></div>
</div>
</body>
</html>
```

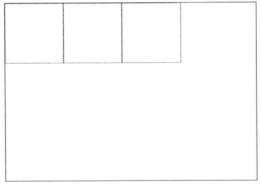

图 11-12　把 3 个框向左浮动

　　如果包含框太窄，无法容纳水平排列的 3 个浮动元素，那么其他浮动块将向前下移动，直到有足够的空间，如例 11-9 所示。

　　【例 11-9】启动 Visual Studio Code 编辑器，输入以下代码，文件名保存为 11-9.html，掌握 float 属性的使用。效果如图 11-13 所示。

```
<!DOCTYPE html>
<html lang="en">
<head>
    <meta charset="UTF-8">
    <meta name="viewport" content="width=device-width, initial-
scale=1. 0">
<title>flaot 属性 </title>
<style type="text/css">
```

```
#box{width:450px; height:450px; border:solid 1px blue;}
#left{ height:150px;
        width:150px;
        margin:10px;
        border:1px blue dashed;
        float:left;
        }
#main{ height:150px;
        width:150px;
        margin:10px;
        border:1px blue dashed;
        float:left;}


#right{ height:150px;
        width:150px;
        margin:10px; border:1px blue dashed;
        float: left;}
</style>
</head>
<body>
<div id="box">
     <div id="left"></div>
     <div id="main"></div>
     <div id="right"></div>
</div>
</body>
</html>
```

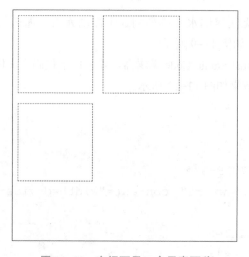

图 11-13　空间不足一个元素下移

如果浮动框元素高度不同，那么当它们向前下移动时可能会被其他浮动元素卡住，如例 11-10 所示。

　　【例 11-10】启动 Visual Studio Code 编辑器，输入以下代码，文件名保存为 11-10.html，掌握 float 属性的使用，效果如图 11-14 所示。

```html
<!DOCTYPE html>
<html lang="en">
<head>
    <meta charset="UTF-8">
     <meta name="viewport" content="width=device-width, initial-scale=1. 0">
<title>flaot 属性 </title>
<style type="text/css">
#box{width:450px; height:450px; border:solid 1px blue;}
#left{ height:200px;
     width:150px;
     margin:10px;
     border:1px blue dashed;
     float:left;
     }
#main{ height:150px;
     width:150px;
     margin:10px;
     border:1px blue dashed;
     float:left;}

#right{ height:150px;
     width:150px;
     margin:10px; border:1px blue dashed;
     float: left;}
</style>
</head>
<body>
<div id="box">
    <div id="left"></div>
    <div id="main"></div>
    <div id="right"></div>
</div>
</body>
</html>
```

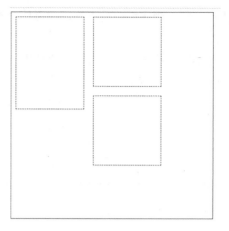

图 11-14　浮动元素卡住

子任务 5　使用 div+CSS 常用的布局方式

微课

1．居中布局设置

假设一个布局，希望其中的容器 div 在屏幕上水平居中：

```
<body>
    <div id="box"></div>
</body>
```

只需定义 div 的宽度，然后将水平空白边设置为 auto：

```
#box{width:720px;border:1px solid  blue
    margin:0 auto;}
```

2．浮动布局设计

（1）两列固定宽度布局。两列宽度布局非常简单，其 HTML 代码如下。

```
<div id="left">左列 </div>
<div id="right">右列 </div>
```

为 id 名为 left 与 right 的 div 制定 CSS 样式，让两个 div 在水平中并排显示，从而形成两列式布局，如图 11-15 所示，其 CSS 代码如下。

```
#left{ width:200px;
    height:200px;
        background-color:#99F;
        border:2px solid #96F;
        float:left;}
#right{ width:200px;
    height:200px;
    background-color:#C9F;
    border:2px solid #96F;
    float:left;}
```

图 11-15　两列固定宽度布局

（2）两列固定宽度居中布局。两列固定宽度居中可以使用 div 的嵌套方式来完成，用一个居中的 div 作为容器，将两列分栏的两个 div 作为容器，将两列分栏的两个 div 放置在容器中，从而实现两列的居中显示。HTML 代码结构如下。

```html
<div id="box">
        <div id="left"></div>
            <div id="right"></div>
</div>
```

CSS 代码如下。

```css
#box{width:410px;
margin:0 auto;}
#left{
        width:200px;
        height:200px;
        background-color:#09F;
        border:2px solid #06F;
        float:left;
}
#right{
        width:200px;
        height:200px;
        background-color:#99F;
        border:2px solid #06F;
        float:left;
}
```

#box 有了居中属性，自然里面的内容也能做到居中，这样就实现了两列居中显示，效果如图 11-16 所示。

（3）两列宽度自适应布局。设置自适应主要通过宽度的百分比值进行设置，因此，两列宽度自适应布局也同样是对百分比宽度值进行设定。CSS 代码如下，效果如图 11-17 所示。

```css
#left{
    width:20%;
    height:200px;
    background-color:#09F;
    border:2px solid #06F;
    float:left;
}
#right{
    width:70%;
    height:200px;
```

```
        background-color:#99F;
        border:2px solid #06F;
        float:left;
}
```

图 11-16   两列固定宽度居中布局

图 11-17   两列宽度自适应布局

（4）两列右列宽度自适应布局。在实际应用中，有时候需要左栏固定宽度，右栏根据浏览器窗口的大小自动适应。在 CSS 中只需要设置左栏宽度，右栏不设置任何宽度值，并且右栏不浮动。CSS 代码如下。

```
#left{
        width:20%;
        height:200px;
        background-color:#09F;
        border:2px solid #06F;
        float:left;
}
#right{
        height:200px;
        background-color:#99F;
        border:2px solid #06F;
}
```

左栏将呈现 200px 的宽度，而右栏将根据浏览器窗口的大小自动适应，预览效果如图 11-18 所示。两列右列宽度自适应布局经常在网站中用到，不仅右列，左列也可以自适应，方法是一样的。

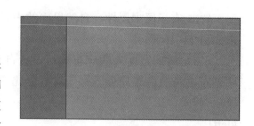
图 11-18   两列右列宽度自适应布局

子任务 6   使用 HTML5 的新布局

微课

在之前的 HTML 页面中，基本上都用了 div+CSS 的布局方式。而搜索引擎去抓取页面内容的时候，它只能猜测某个 div 的内容是文章内容容器，或者是导航模块的容器，或者是作者介绍的容器，等等，也就是说，整个 HTML 文档结构定义不清晰，HTML5 中为了解决这个问题，专门添加了页眉、页脚、导航、文章内容等与结构相关的结构元素标签。在讲这些新标签之前，我们先看一个普通的页面布局方式，如

图 11-19 所示。

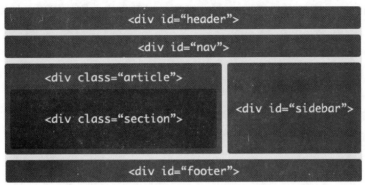

图 11-19　div 布局

从图中可以非常清晰地看到一个普通的页面会有头部、导航、文章内容，还有附着的右边栏，以及底部等模块，而我们是通过 class 进行区分，并通过不同的 CSS 样式来处理的。相对来说，class 不是通用的标准的规范，搜索引擎只能去猜测某部分的功能。另外，此页面程序交给视力障碍人士来阅读的话，文档结构和内容也不会很清晰。而 HTML5 新标签带来的新的布局则是如图 11-20 所示的情况。

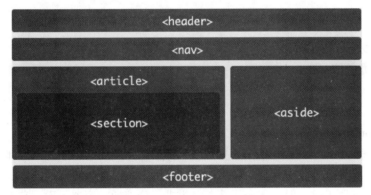

图 11-20　HTML5 新标签布局

相关的 HTML 代码如下。

```
<body>
 <header>...</header>
 <nav>...</nav>
 <article>
  <section>...</section>
 </article>
 <aside>...</aside>
 <footer>...</footer>
</body>
```

有了上面的直观的认识后，下面来介绍 HTML5 中的相关结构标签。

1. header 标签

<header> 标签定义文档的页眉，通常是一些引导和导航信息，它不局限于写在网页头

部，也可以写在网页内容中。通常 <header> 标签至少包含（但不局限于）一个标题标记（<h1> ~ <h6>），还可以包括 <hgroup> 标签，以及表格内容、标识、搜索表单、<nav> 导航等。

　　<header> 标签的 HTML 代码如下。

```
<header>
 <hgroup>
  <h1> 网站标题 </h1>
  <h1> 网站副标题 </h1>
 </hgroup>
</header>
```

　　2. nav 标签

　　nav 标签代表页面的一个部分，是一个可以作为页面导航的链接组，其中的导航元素链接到其他页面或者当前页面的其他部分，使 HTML 代码在语义化方面更加精确，同时对于屏幕阅读器等设备的支持也更好。

<nav> 标签的 HTML 代码如下。

```
<nav>
 <ul>
  <li> 厚德 IT</li>
  <li>FlyDragon</li>
  <li>J 飞龙天惊 </li>
 </ul>
</nav>
```

　　3. section 标签

　　<section> 标签定义文档中的节，如章节、页眉、页脚或文档中的其他部分。一般用于成节的内容，会在文档流中开始一个新的节。它用来表现普通的文档内容或应用区块，通常由内容及其标题组成。但 section 元素标签并非一个普通的容器元素，它表示一段专题性的内容，一般会带有标题。

　　当我们描述一件具体的事物的时候，通常鼓励使用 article 来代替 section；当我们使用 section 时，仍然可以使用 h1 来作为标题，而不用担心它所处的位置，以及其他地方是否用到；当一个容器需要被直接定义样式或通过脚本定义行为时，推荐使用 div 元素而非 section。

　　<section> 标签的 HTML 代码如下。

```
<section>
  <h1>section 是什么？ </h1>
  <h2> 一个新的章节 </h2>
  <article>
  <h2> 关于 section</h1>
  <p>section 的介绍 </p>
  ...
 </article>
```

```
</section>
```

4. article 标签

<article> 是一个特殊的 section 标签，它比 section 具有更明确的语义，它代表一个独立的、完整的相关内容块，可独立于页面其他内容使用，如一篇完整的论坛帖子、一篇博客文章、一个用户评论等。一般来说，article 会有标题部分（通常包含在 header 内），有时也会包含 footer。article 可以嵌套，内层的 article 对外层的 article 标签有隶属关系。例如，一篇博客的文章，可以用 article 显示，然后一些评论可以以 article 的形式嵌入其中。

<article> 标签的 HTML 代码如下。

```
<article>
 <header>
  <hgroup>
   <h1> 这是一篇介绍 HTML 5 结构标签的文章 </h1>
   <h2>HTML 5 的革新 </h2>
  </hgroup>
  <time datetime="2020-08-20">2020.08. 20</time>
 </header>
 <p> 文章内容详情 </p>
</article>
```

5. aside 标签

aside 标签用来装载非正文的内容，被视为页面中一个单独的部分，它包含的内容与页面的主要内容是分开的，可以被删除，而不会影响到网页的内容、章节或页面所要传达的信息，如广告、成组的链接、侧边栏等。

<aside> 标签的 HTML 代码如下。

```
<aside>
 <h1> 作者简介 </h1>
 <p> 厚德 IT</p>
</aside>
```

6. footer 标签

footer 标签定义 section 或 document 的页脚，包含了与页面、文章或部分内容有关的信息，如文章的作者或日期。作为页面的页脚时，一般包含了版权、相关文件和链接，它和 <header> 标签的使用基本一样，可以在一个页面中多次使用，如果在一个区段的后面加入 footer，那么它就相当于该区段的页脚了。

<footer> 标签的 HTML 代码如下。

```
<footer>
  COPYRIGHT@ 厚德 IT
</footer>
```

【例 11-11】启动 Visual Studio Code 编辑器，输入以下代码，文件名保存为 11-11. html，掌握使用 HTML5 新标签的新布局，效果如图 11-21 所示。

```
<!DOCTYPE html>
```

```
<html lang="en">
<head>
    <meta charset="UTF-8">
    <meta name="viewport" content="width=device-width, initial-
scale=1. 0">
    <title>新元素布局</title>
    <style type="text/css">
    *{margin: 0;
    padding:0;
     border:0;}
   body{height:780px; font-size: 20px; font-family:黑体;}
        header{width: 100%;height: 10%;background:grey;}
            footer{width: 100%;height: 10%;background: blue;float:
left;}
        aside{width: 20%;height: 80%;background:lightslategrey;
float: left;}
            section{width: 80%;height: 80%;background:dodgerblue;flo
at: left;}
    </style>
</head>
<body>
    <header>header</header>
    <aside>
        aside
    </aside>
    <section>
        section
    </section>
    <footer>footer</footer>
</html>
```

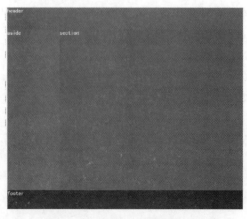

图 11-21　HTML5 新标签的新布局

1．正航科技网主页的整体框架

（1）网页整体布局分析。整个页面可以分成 3 个部分：头部（header）、企业的相关信息（section）、底部（footer）。其中头部又分为 LOGO 区和 nav 导航栏部分；而 section 区主要分为左边的企业相关信息（main-left）及右边的企业图片。正航科技网主页的整体布局如图 11-22 所示。

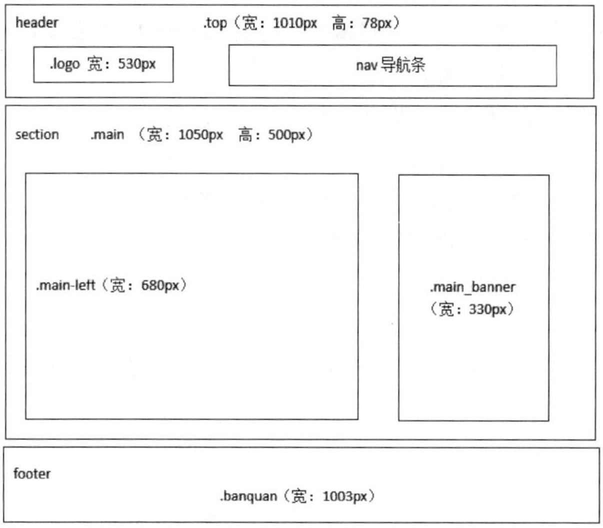

微课

图 11-22　正航科技网主页的整体布局

（2）新建 html 文件，主页的文件名为 index.html，编写如下 HTML 代码。

```
<!DOCTYPE html>
<html lang="en">
<head>
    <meta charset="UTF-8">
    <meta name="viewport" content="width=device-width, initial-
scale=1. 0">
    <title> 正航科技 </title>
</head>
<body>
    <header>
        网页的头部
    </header>
    <section> 这是网页的主体部分 </section>
    <footer>
        此外是页面底部的内容
    </footer>
```

```
</body>
</html>
```

（3）编写 CSS 代码。

步骤 1：本项目我们使用外部样式来控制网页，因此，首先新建一个 CSS 样式表文件，将其以 css.css 保存在与该网页同一个文件夹中。后面输入的 CSS 代码的操作都在该文件中进行。

步骤 2：为了让外部样式表能控制网页，在网页的 <head></head> 标签对之间输入如下代码。

```
<link rel="stylesheet" href="css.css" type="text/css">
```

步骤 3：统一设置页面默认情况下的属性。打开 css.css 样式表文件，输入如下代码。

```
*{margin:0;/* 设置网页默认外边距为 0*/
padding: 0;/* 设置网页默认内边距为 0*/
border:0;/* 设置网页默认无边框 */
font-size: 14px; /* 设置网页默认字体大小为 12px*/
font-family: 宋体 ;/* 设置网页默认字体为宋体 */
}
```

2. 制作网页头部

（1）模块分析。页面头部包含网页的 LOGO 和导航栏部分，效果如图 11-23 所示。

图 11-23　主页 LOGO 及导航栏效果图

（2）编写 HTML 代码。使用链接标签 <a>，插入 LOGO 图片。在 <nav></nav> 标签对中插入无序列表标签 <ul> 和列表标签 <li>，在各 <li></li> 标签对中输入文本并设置超链接，最终代码如下。

```
<header>
<div class="top">
<a href="#" class="logo"><img src="img/logo.jpg" alt=""></a>
<nav>><ul>
    <li><a href="#"> 首页 </a> </li>
    <li><a href="#"> 企业新闻 </a> </li>
    <li> <a href="#"> 行业动态 </a> </li>
    <li><a href="#"> 企业理念 </a></li>
    <li><a href="#"> 网站留言 </a> </li>
</ul></nav>
</div>
</header>
```

（3）编写 CSS 代码。

步骤 1：设置头部 <div> 盒子的宽度、高度，并设置背景图片，将整个盒子居中对齐。

```
/*header 区域 */
.top{width:1010px; height:78px; background-image: url（img/head_
bg.jpg）; margin:0 auto;}
```
步骤 2：将 logo 盒子设置为左浮，宽度为 530px。
```
.logo{ float: left; width:530px;}
```
步骤 3：设置列表项中超链接标签 <a> 的样式。
```
a{text-decoration: none;color: steelblue;}
```
步骤 4：将导航的无序列表编号设置为无。
```
.top nav ul{list-style: none;}
```
步骤 5：设置列表的属性。将列表水平居中对齐并设置其宽度，设置背景图片。
```
.top nav ul li{display: inline-block;/* 将列表水平显示 */
width:90px;line-height:78px;background-image: url（img/menu_
bg.jpg）; text-align: center;}
```
3．制作网页主体部分

（1）模块分析。网页主体（section）部分分为左、右两个部分，左边是该企业的相关信息，右边是企业的图片，如图 11-24 所示。

图 11-24　网页主体效果

（2）编写 HTML 代码。
```
<section>
        <div class="main">
            <div class="main-left"> <img src="img/about_
us.jpg" alt="">
```
```
        <p> 正航科技在客户服务实践中完成了技术、产品、管理、市场、人才储备等有
形、无形资产的积累，并迅速形成了一套从市场分析、产品设计、开发到推广的完整高效
的运作体系。亿新网络公司／亿新科技从 2002 年开始提供网站建设、网站策划、网站开
发、网站设计、SEO 网站优化、网络推广、电子商务技术、多媒体光盘等服务，积累了大
量的经验，同时也培养了一支成熟的技术开发团队。</p>
```

<p> 为了让每个客户的项目都能精益求精，因此每个设计项目都有专属的项目负责人以及搭配的网页设计师，动画师和程式设计师来执行项目，不仅能完全掌控项目的进度，面对客户的需求和问题，更能以最快的速度提出完整的解决方案，确保能为客户开发出高质量和满足客户需求的产品。</p>

<p> 历经五年，正航科技在众多客户的支持和肯定下一起成长，每个客户对亿新科技来说都是崭新的开始，每个项目都是全新的挑战。成长过程中亿新科技积累了丰富的客户资源和服务经验，其中包括德力西集团、春风控股集团、共信电气科技、上海中科电气集团、华通集团等，在众多客户的高度评价之下，亿新科技继续提供最优质的服务，往前迈进。
    </p>
    </div>
     <div class="main_banner"><img src="img/main_banner.jpg" alt=""></div>
</div>
    </section>

（3）编写 CSS 代码。

步骤 1：设置主盒子 main 居中对齐、宽度、高度、外边距。

```
/*section 网页主体区域 */
.main{margin:0 auto; width:1050px; height:500px;margin-top:10px;}
```

步骤 2：设置左边盒子 main-left 的宽度、左浮、内间距。

```
.main-left{width:680px; float:left;padding: 20px;}
```

步骤 3：设置左边盒子 main-left 的段落缩进、行高、外边距。

```
.main-left p{text-indent: 2em;margin-top:15px;line-height:1. 5em;}
```

步骤 4：设置右边盒子 main_banner 的外边距、浮动、宽度。

```
.main_banner{margin-top:10px;float:left;width:330px;}
```

4. 制作网页页脚部分

（1）模块分析。底部只有企业联系方式及版权的相关信息，如图 11-25 所示。

2019-2020 © 正航科技股份有限公司 版权所有
地址：上海乐清市柳市镇柳市大厦 邮编：200000 电话：021-12345678 传真：021-12345678 E-mail：admin@zhenghang.com

图 11-25 网页页脚效果图

（2）编写 HTML 代码。

```
<footer>
    <div class="banquan">2019-2020 © 正航科技股份有限公司 版权所有 <br> 地址：上海乐清市柳市镇柳市大厦 邮编：200000 电话：021-12345678 传真：021-12345678 E-mail: admin@zhenghang.com</div>
</footer>
```

（3）编写 CSS 代码。

清除浮动、底部居中、文字居中对齐，设置上、下内边距、行高、字体颜色、字体大小。

```
/*footer底部 */
.banquan{clear: both;margin:0 auto; width: 1003px; text-
align: center;padding:20px 0; line-height: 1.
5em; color: lightslategray; font-size: 12px;}
```

5. 制作新闻列表页

（1）模块分析。新闻页头部导航栏跟尾部与主页是一样的，区别在于增加了一个banner区，中间的主体部分内容不一样。其效果如图11-26所示，布局如图11-27所示。

图 11-26　新闻列表页效果

图 11-27　新闻列表页的整体布局

（2）将 index.html 页面另存为 news.html 页面，news.html 页面样式文件与 index.html 样式文件相同，都是 css.css。

6．制作新闻列表的 banner 区

（1）模块分析。页面头部包含网页的 LOGO、导航部分 banner 区，效果如图 11-28 所示。

图 11-28　新闻列表页头部

（2）编写 HTML 代码。在 <header></header> 标签之间增加一张 banner 图片，其 HTML 代码如下。

```
<header>
......
</div>
<div class="banner"><img src="img/sec_banner.jpg" alt=""></div>
    </header>
```

（3）编写 CSS 代码。将 banner 盒子设置居中对齐，并设置其宽、高。

```
/* news 页面 */
.banner{margin:0 auto; width:1010px;height:132px;}
```

7．制作新闻列表的内容区

（1）模块分析。该模块分为左边的导航区和右边的新闻列表两个部分，效果如图 11-29 所示。

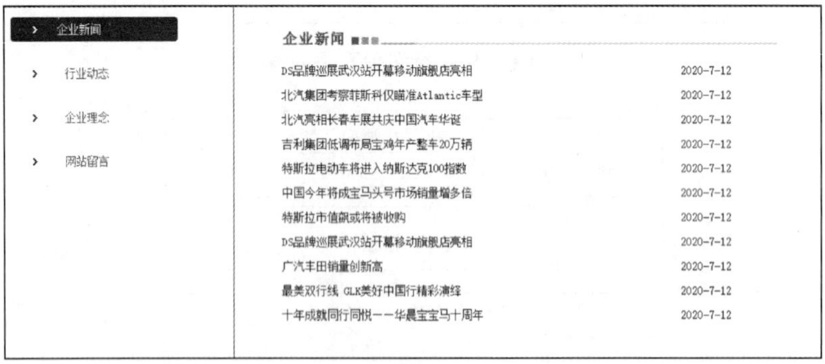

图 11-29　新闻列表的内容区

（2）编写 HTML 代码。修改另存为 news.html 的相对应区域代码如下。

```
<section>
    <div class="main">
    <div class="main2-left">
    <ul>
        <li><a href="#">企业新闻</a></li>
```

```
        <li><a href="#"> 行业动态 </a></li>
        <li><a href="#"> 企业理念 </a></li>
        <li><a href="#"> 网站留言 </a></li>
    </ul>
</div>
<div class="main2-right">
    <div><img src="img/company_news.jpg" alt=""></div>
    <dl>
        <dt>DS 品牌巡展武汉站开幕移动旗舰店亮相 </dt>
        <dd>2020-7-12</dd>
        <dt> 北汽集团考察菲斯科仅瞄准 Atlantic 车型 </dt>
        <dd>2020-7-12</dd>
        <dt> 北汽亮相长春车展共庆中国汽车华诞 </dt>
        <dd>2020-7-12</dd>
        <dt> 吉利集团低调布局宝鸡年产整车 20 万辆 </dt>
        <dd>2020-7-12</dd>
        <dt> 特斯拉电动车将进入纳斯达克 100 指数 </dt>
        <dd>2020-7-12</dd>
        <dt> 中国今年将成宝马头号市场销量增多倍 </dt>
        <dd>2020-7-12</dd>
        <dt> 特斯拉市值飙或将被收购 </dt>
        <dd>2020-7-12</dd>
        <dt>DS 品牌巡展武汉站开幕移动旗舰店亮相 </dt>
        <dd>2020-7-12</dd>
        <dt> 广汽丰田销量创新高 </dt>
        <dd>2020-7-12</dd>
        <dt> 最美双行线  GLK 美好中国行精彩演绎 </dt>
        <dd>2020-7-12</dd>
        <dt> 十年成就同行同悦——华晨宝宝马十周年 </dt>
        <dd>2020-7-12</dd>
    </dl>
</div>
</div>
</section>
```

（3）编写 CSS 代码。

步骤 1：设置左边盒子 main2-left 的宽度、高度、左浮及上边、右边、下边的边框样式。

```
/* news 页面 */
.main2-left{width:28%; height:430px;float: left;border-
top: 1px slategray solid;border-right:1px slategray solid;border-
bottom: 1px slategray solid;}
```

步骤 2：将无序列表的项目编号取消。

`.main2-left ul{list-style: none;}`

步骤 3：除第一个列表外，其余列表设置背景图片、列表的宽度、高度、左内边距、背景图片位置及字体颜色。

```
.main2-left ul li+li{background-image: url（img/sec_menu_bg_
b.jpg）; width:180px; height:54px; padding-left:80px; background-
position:-25px; line-height: 54px;color: steelblue;}
```

步骤 4：设置第一个列表的背景图片、列表的宽度、高度、左内边距、背景图片位置及字体颜色。

```
.main2-left ul li:first-child{background-image: url（img/
sec_menu_bg_a.jpg）;width:180px; height:54px; padding-
left:70px; background-position:-25px; line-
height: 54px;color: white;}
```

步骤 5：设置右边盒子 main2-right 的宽度、高度、左浮及上边、下边的边框样式。

```
.main2-right{width:70%; height:430px; float: left;border-
top: 1px slategray solid;border-bottom: 1px slategray solid;}
```

步骤 6：设置定义列表 dt 的宽度、高度、浮动、左外边距。

```
.main2-right dt{width: 500px; height: 30px;float: left; margin-
left:60px;}
```

步骤 7：设置定义列表 dd 的宽度、高度、浮动。

`.main2-right dd{width: 100px; height: 30px;float: left;}`

8．导航区的链接

将两个导航区的链接部分设置链接到相关的页面。

```
<nav><ul>
        <li><a href="index.html">首页 </a></li>
        <li><a href="news.html">企业新闻 </a> </li>
        <li> <a href="#">行业动态 </a> </li>
        <li><a href="#"> 企业理念 </a></li>
        <li><a href="#">网站留言 </a> </li>
    </ul></nav>
```

项 目 总 结

本项目主要学习了 div 盒子模型及其属性、flaot 属性的使用、使用 HTML5 新标签、<div> 标签进行布局结构设计及设置页面整体居中的方法。通过项目实例完成了正航科技有限公司两张静态网页的制作，并实现了两张网页的相互访问。希望读者能理解相关代码的用法，能举一反三。

本项目的主要知识点如下。

（1）div 盒子模型的组成及属性的使用。

（2）浮动定位是 CSS 排版中非常重要的手段。浮动的框可以左右移动，直到外边缘碰到包含框或另一个浮动框的边缘。

（3）HTML5 的新布局。

```
<body>
    <header>...</header>
    <nav>...</nav>
    <article>
          <section>...</section>
    </article>
    <aside>...</aside>
    <footer>...</footer>
</body>
```

项 目 拓 展

启动 Visual Studio Code 编辑器，根据如图 11-30 所示的效果完成代码的编写，保存文件名为 index2.html，样式名为 css2.css。

图 11-30　天空网页首页

项目 **12** 使用 CSS3 的弹性布局制作响应式页面

 项目目标

知识目标

1. 了解响应式页面的含义。
2. 掌握定义弹性盒布局的方法。
3. 掌握定义弹性盒伸缩方向、行数、对齐方式的属性。
4. 掌握定义伸缩项目的属性。
5. 掌握媒体查询的使用方法。

技能目标

1. 能使用弹性布局设计可伸缩的网页。
2. 能使用媒体查询实现不同的分辨率下网页显示出来的效果。

 项目描述

　　CSS3 的弹性布局是为了现代网络中更为复杂的网页需求而设计的。布局的目的是允许容器有能力让其子项目能够改变其宽度、高度、顺序等，以最佳的方式填充可用空间，适应所有类型的显示设备和屏幕大小。

　　上海将举办第 46 届世界技能大赛，为更好地展示大赛的有关信息，需要为此设计一张网页，用户能通过 html 文件浏览网页，该网页能在 3 种分辨率下正确实现（1920px、768px、480px 宽度）。

项目分析

　　1. 头部包含网站的 LOGO、菜单栏，菜单栏包含关于 46 届 WSC、技能专栏、图片长廊、主办城市介绍、东道主国家、合作伙伴 6 个栏目，菜单栏可根据实际的需要隐藏。
　　2. banner 部分有标题、比赛的时间、简要介绍，更多信息按钮。
　　3. 网页的主体部分是技能专栏，主要介绍 4 类技能。
　　4. 底部信息包含外链站点及版权信息。
　　5. 设置媒体查询，当屏幕宽度小于 768px 时的样式效果。
　　6. 设置媒体查询，当屏幕宽度小于 480px 时的样式效果。

项目完成的最终效果如图 12-1 所示。

图 12-1　项目完成的最终效果

子任务 1　响应式页面简介

　　响应式布局是 Ethan Marcotte 在 2010 年 5 月提出的一个概念，简而言之，就是一个网站能够兼容多个终端，而不是为每个终端做一个特定的版本。这个概念是为解决移动互联网浏览而诞生的。

　　响应式布局可以为不同终端的用户提供更加舒适的界面和更好的用户体验，而且随着目前大屏幕移动设备的普及，用"大势所趋"来形容也不为过。随着越来越多的设计师采用这个技术，我们不仅看到很多的创新，还看到了一些成形的模式。响应式页面响应不同的终端，如图 12-2 所示。

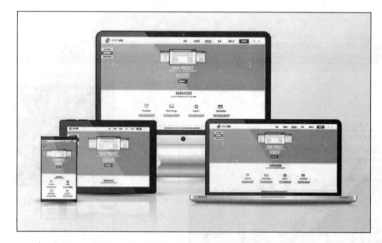

图 12-2　响应式页面响应不同的终端

　　（1）响应式布局的优点：面对不同分辨率的设备灵活性强，能够快捷解决多设备显示适应问题。

　　（2）响应式布局的缺点：兼容各种设备工作量大，效率低下，代码累赘，会出现隐藏无用的元素，加载时间长，其实这是一种折中性质的设计解决方案，受多方面因素影响而达不到最佳效果，一定程度上改变了网站原有的布局结构，会出现用户混淆的情况。

子任务 2　启动弹性盒子

微课

　　启动弹性盒子模型，只需为包含有子对象容器设置 display 属性即可，用法如下。

```
display:box|inline-box|flexbox|inline-flexbox|flex|inline-flex
```

取值说明如下。

box：将对象作为弹性伸缩盒显示。伸缩盒为最老版本。

inline-box：将对象作为内联块级弹性伸缩盒显示。伸缩盒为最老版本。

flexbox：将对象作为弹性伸缩盒显示。伸缩盒为过渡版本。

inline-flexbox：将对象作为内联块级弹性伸缩盒显示。伸缩盒为过渡版本。

flex：将对象作为弹性伸缩盒显示。伸缩盒为最新版本。

inline-flex：将对象作为内联块级弹性伸缩盒显示。伸缩盒为最新版本。

flexbox 是 flexible box（意思是"灵活的盒子容器"）的简称，是 CSS3 引入的新的布局模式。它决定了元素如何在页面上排列，使它们能在不同的屏幕尺寸和设备下可预测地展现出来。它之所以被称为 flexbox，是因为它能够扩展和收缩 flex 容器内的元素，以最大限度地填充可用空间。与以前的布局方式（如 table 布局和浮动元素内嵌块元素）相比，flexbox 是一个更强大的方式：在不同方向排列元素；重新排列元素的显示顺序；更改元素的对齐方式；动态地将元素装入容器。

flexbox 由伸缩容器和伸缩项目组成。通过设置元素的 display 属性为 flex 或 inline-flex。设置为 flex 的容器被渲染为一个块级元素，而设置为 inline-flex 的容器则会渲染为一个行内元素。具体的语法如下。

```
display:flex|inline-flex;
```

上面的语法定义伸缩容器，属性值决定容器是行内显示还是块显示，它的所有子元素将变成 flex 文档流，被称为伸缩项目。

【例 12-1】启动 Visual Studio Code 编辑器，输入以下代码，文件名保存为 12-1. html，效果如图 12-3 所示。

```
<!DOCTYPE html>
<html lang="en">
<head>
    <meta charset="UTF-8">
    <meta name="viewport" content="width=device-width, initial-scale=1. 0">
    <title> 伸缩容器 </title>
    <style type="text/css">
    .flex-container{
        display:-webkit-flex;
        display:flex;
        width: 500px;
        height: 300px;
        border:solid 1px blue;
        background-color: navy;}
    .flex-item{background-color: cornflowerblue;
    width: 200px;
    height: 200px;
    margin: 10px;}
    </style>

</head>
<body>
```

```
<div class="flex-container">
    <div class="flex-item">伸缩项目 1</div>
    <div class="flex-item">伸缩项目 2</div>
    <div class="flex-item">伸缩项目 3</div>
    <div class="flex-item">伸缩项目 4</div>
</div>
</body>
</html>
```

图 12-3　设置伸缩容器

说明：在例 12-1 中可以看到 4 个项目沿着一个水平方向从左至右显示。在默认情况下，伸缩行和文本方向一致；从左至右，从上到下。

采用 flex 布局的元素，称为 flex 容器（flex container），简称容器。它的所有子元素自动成为容器成员，称为 flex 项目（flex item），简称项目。

常规布局是基于块和文本流方向的，而且 flex 布局是基于 flex-flow 的。图 12-4 所示为 W3C 规范对 flex 布局的解释。

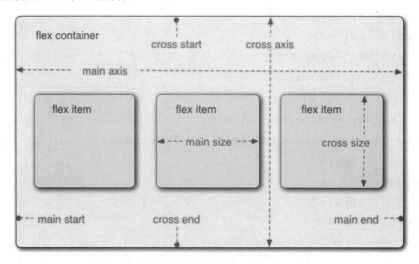

图 12-4　flex 布局模式

基本上，伸缩项目是沿着主轴（main axis），从主轴起点（main-start）到主轴终点

（main-end）或者沿着侧轴（cross axis），从侧轴起点（cross-start）到侧轴终点（cross-end）排列。

主轴（main axis）：伸缩容器的主轴，伸缩项目主要沿着这条轴进行排列布局。注意，它不一定是水平的，这主要取决于 justify-content 属性设置。

主轴起点（main-start）和主轴终点（main-end）：伸缩项目放置的伸缩容器内从主轴起点（main-start）向主轴终点（main-end）方向。

主轴尺寸（main-size）：伸缩项目在主轴方向的宽度和高度。伸缩项目主要的属性大小，要么是宽度属性，要么是高度属性，由哪一个对着主轴方向决定。

侧轴（cross axis）：垂直于主轴。它的方向主要取决于主轴的方向。

侧轴起点（cross-start）和侧轴终点（cross-end）：伸缩项目放置在伸缩容器内从侧轴起点（cross –start）向侧轴终点（cross –end）方向。

侧轴尺寸（cross –size）：伸缩项目在侧轴方向的宽度和高度。伸缩项目主要的大小属性，要么是宽度属性，要么是高度属性，由哪一个对着侧轴方向决定。

子任务 3　定义伸缩方向

微课

使用 flex-direction 属性可以定义伸缩方向，它适用于伸缩容器，也就是伸缩项目的父元素。flex-direction 属性主要用来创建主轴，从而定义伸缩项目在伸缩容器内的放置方向。具体的语法如下：

```
flex-direction：属性值
```

flex-direction 属性值如表 12-1 所示。

表 12-1　flex-direction 属性值

属性值	描述
row	默认值。灵活的项目将水平显示，正如一个行一样
row-reverse	与 row 相同，但是以相反的顺序
column	灵活的项目将垂直显示，正如一个列一样
column-reverse	与 column 相同，但是以相反的顺序

【例 12-2】启动 Visual Studio Code 编辑器，输入以下代码，文件名保存为 12-2.html，效果如图 12-5（a）所示。

```
<!DOCTYPE html>
<html lang="en">
<head>
    <meta charset="UTF-8">
    <meta name="viewport" content="width=device-width, initial-scale=1. 0">
    <title>定义伸缩方向</title>
    <style type="text/css">
```

```
        .container{
            display:-webkit-flex; /* 设置容器浏览器兼容 */
            display: flex;    /* 设置容器为伸缩容器 */
            flex-direction:column-reverse;}/* 设置容器排列方式为相反顺序 */
        .itm{width: 50px;/* 设置子项目的宽 */
            height: 50px;/* 设置子项目的高 */
            background-color: deepskyblue;/* 设置子项目的背景颜色 */
            margin: 10px;/* 设置子项目的外边距 */
            text-align: center;/* 设置子项目的文字水平居中 */
            line-height: 50px;/ }
    </style>
</head>
<body>
    <div class="container">
        <div class="itm">1</div>
        <div class="itm">2</div>
        <div class="itm">3</div>
        <div class="itm">4</div>
        <div class="itm">5</div>
    </div>
</body>
</html>
```

图 12-5　使用 flex-direction 属性

说明：例 12-2 使用了 flex-direction 的 column-reverse 属性，效果是从下到上排序，默认的情况是图 12-5（c）所示的效果，读者也可以使用 flex-direction 的 column、row-reverse 属性，其效果如图 12-5（b）和图 12-5（d）所示。

子任务4 定义行数

微课

使用 flex-wrap 属性可以定义伸缩容器里是单行还是多行，侧轴的方向决定了新行堆放的方向。该属性适用于伸缩容器，也就是伸缩项目的父元素。具体的语法如下。

flex-wrap：属性值

flex-wrap 属性值如表 12-2 所示。

表 12-2 flex-wrap 属性值

属性值	描述
nowrap	默认值。伸缩容器单行显示
wrap	换行，第一行在上方
wrap-reverse	换行，第一行在下方

【例 12-3】启动 Visual Studio Code 编辑器，输入以下代码，文件名保存为 12-3.html，效果如图 12-6（a）所示。

```
<!DOCTYPE html>
<html lang="en">
<head>
    <meta charset="UTF-8">
    <meta name="viewport" content="width=device-width, initial-scale=1. 0">
    <title>定义行数</title>
    <style type="text/css">
        .container {
            display: -webkit-flex; /* 设置容器浏览器兼容 */
            display: flex; /* 设置容器为伸缩容器 */
            flex-wrap: wrap;/* 设置容器项目换行 */
            width: 150px;/* 设置容器的宽 */
            height: 220px;/* 设置容器的高 */
            border: dodgerblue 1px solid;/* 设置容器的边框 */
        }

        .itm {
            width: 50px; /* 设置子项目的宽 */
            height: 50px; /* 设置子项目的高 */
            background-color: deepskyblue; /* 设置子项目的背景颜色 */
            margin: 10px; /* 设置子项目的外边距 */
            text-align: center; /* 设置子项目的文字水平居中 */
            line-height: 50px; /*
```

```
            }
        </style>
    </head>

    <body>
        <div class="container">
            <div class="itm">1</div>
            <div class="itm">2</div>
            <div class="itm">3</div>
            <div class="itm">4</div>
            <div class="itm">5</div>
        </div>
    </body>
</html>
```

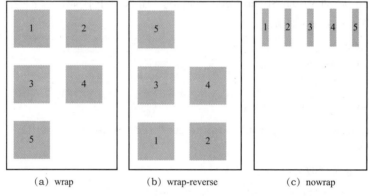

(a) wrap   (b) wrap-reverse   (c) nowrap

图 12-6   **flex-wrap** 属性的使用

说明：例 12-3 使用了 flex-wrap 的 wrap 属性，效果是当子项目的宽大于容器的宽时，按顺序自动换行，效果如图 12-6（a）所示，当使用 flex-wrap 的 wrap-reverse 属性时换行的效果是第一行在下方，效果如图 12-6（b）所示，而使用 nowrap 属性，子项目不换行了，但因为容器的大小不够，子项目等比变小，效果如图 12-6（c）所示。

flex-flow 属性是 flex-direction 和 flex-wrap 属性的复合属性，适用于伸缩容器。该属性可以同时定义伸缩容器的主轴和侧轴。其默认值为 row nowrap。具体的语法如下。

```
flex-flow:<flex-direction>||<flex-wrap>
```

子任务 5 定义对齐方式

1. 主轴对齐

justify-content 属性用来定义伸缩项目沿主轴线的对齐方式，该属性适用于伸缩容器。当一行上的所有伸缩项目都不能缩或可伸缩但是已经达到其最大长度时，这一属性才会对多余的空间进行分配。当项目溢出某一行时，这一属性也会在项目的对齐上施加一些控制。具体的语法如下。

微课

justify-content 属性值如表 12-3 所示。

表 12-3　justify-content 属性值

属性值	描述
flex-start	默认值。伸缩项目向一行的起始位置靠齐
flex-end	伸缩项目向一行的结束位置靠齐
center	伸缩项目向一行的中间位置靠齐
space-between	伸缩项目会平均地分布在行里，第一个伸缩项目在一行的开始位置，最后一个伸缩项目在一行的终点位置
space-around	伸缩项目会平均地分布在行里，两端保留一半的空间

【例 12-4】启动 Visual Studio Code 编辑器，输入以下代码，文件名保存为 12-4. html，效果如图 12-7（a）所示。

```
<!DOCTYPE html>
<html lang="en">
<head>
    <meta charset="UTF-8">
    <meta name="viewport" content="width=device-width, initial-scale=1. 0">
    <title>定义主轴对齐</title>
    <style type="text/css">
        .container {
            display: -webkit-flex; /* 设置容器浏览器兼容 */
            display: flex; /* 设置容器为伸缩容器 */
            justify-content:flex-start;/* 伸缩项目的主轴对齐方式 */
            border: steelblue 1px solid; /* 设置容器的边框 */
            background-color: grey;
        }

        .itm {
            width: 50px; /* 设置子项目的宽 */
            height: 50px; /* 设置子项目的高 */
            background-color: deepskyblue; /* 设置子项目的背景颜色 */
            margin: 10px; /* 设置子项目的外边距 */
            text-align: center; /* 设置子项目的文字水平居中 */
            line-height: 50px;
        }
    </style>
```

221

```
</head>

<body>
    <div class="container">
        <div class="itm">1</div>
        <div class="itm">2</div>
        <div class="itm">3</div>
        <div class="itm">4</div>
        <div class="itm">5</div>
    </div>
</body>
</html>
```

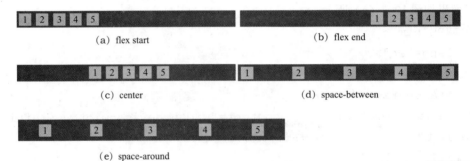

（a）flex start   （b）flex end

（c）center   （d）space-between

（e）space-around

图 12-7　伸缩项目的主轴对齐方式

微课

2. 侧轴对齐

align-items 属性用来定义伸缩项目可以在伸缩容器的当前行的侧轴上的对齐方式，该属性适用于伸缩容器。具体的语法如下。

```
align-items: 属性值
```

align-items 属性值如表 12-4 所示。

表 12-4　align-items 属性值

属性值	描述
flex-start	伸缩项目在侧轴起点边的外边距紧靠住该行在侧轴起始的边
flex-end	伸缩项目在侧轴终点边的外边距紧靠住该行在侧轴终点的边
center	伸缩项目的外边距盒在该行的侧轴上居中放置
baseline	伸缩项目根据它们的基线对齐
stretch	如果项目未设置高度或设为 auto，将占满整个容器的高度

【例 12-5】启动 Visual Studio Code 编辑器，输入以下代码，文件名保存为 12-5. html，效果如图 12-8（a）所示。

```
<!DOCTYPE html>
```

```
<html lang="en">
<head>
    <meta charset="UTF-8">
     <meta name="viewport" content="width=device-width, initial-
scale=1. 0">
    <title>定义侧轴对齐</title>
    <style type="text/css">
        .container {
            display: -webkit-flex; /* 设置容器浏览器兼容 */
            display: flex; /* 设置容器为伸缩容器 */
            align-items:flex-end;/* 伸缩项目的侧轴对齐方式 */
             border: steelblue 1px solid; /* 设置容器的边框 */
            background-color: grey;
            height: 200px;
        }
         .itm-1{height:80px;}
         .itm-2{height:100px}
         .itm-3{height: 50px;}
         .itm-4{height: 60px;}
         .itm-5{height: auto;}
        .itm-1，.itm-2，.itm-3，.itm-4，.itm-5 {
            width: 50px;
            background-color: deepskyblue; /* 设置子项目的背景颜色 */
            margin: 10px; /* 设置子项目的外边距 */
            text-align: center; /* 设置子项目的文字水平居中 */

        }
    </style>
</head>
<body>
    <div class="container">
        <div class="itm-1">1</div>
        <div class="itm-2">2</div>
        <div class="itm-3">3</div>
        <div class="itm-4">4</div>
        <div class="itm-5">5</div>
    </div>
</body>
</html>
```

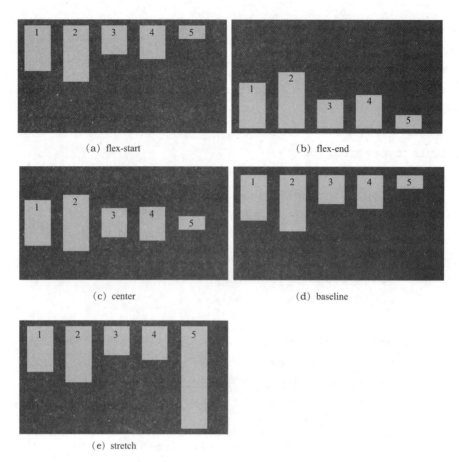

图 12-8　伸缩项目的侧轴对齐方式

3. 伸缩行对齐

align-content 属性用来调准伸缩行在伸缩容器里的对齐方式，该属性适用于伸缩容器。类似于伸缩项目在主轴上使用 justify-content 属性，但本属性在只有一行的伸缩容器上没有效果。具体的语法如下。

微课

```
align-content:属性值
```

align-content 属性值如表 12-5 所示。

表 12-5　align-content 属性值

属性值	描述
flex-start	各行向伸缩容器的起始位置堆叠
flex-end	各行向伸缩容器的结束位置堆叠
center	各行向伸缩容器的中间位置堆叠
space-between	各行在伸缩容器的中平均分布
space-around	各行在伸缩容器中平均分布，在两边各有一半的空间
stretch	默认值。各行将会伸展以占用剩余的空间

【例 12-6】启动 Visual Studio Code 编辑器，输入以下代码，文件名保存为 12-6.html，效果如图 12-9（a）所示。

```html
<!DOCTYPE html>
<html lang="en">
<head>
    <meta charset="UTF-8">
     <meta name="viewport" content="width=device-width, initial-scale=1. 0">
    <title>定义伸缩行对齐</title>
    <style type="text/css">
        .container {
            display: -webkit-flex; /* 设置容器浏览器兼容 */
            display: flex; /* 设置容器为伸缩容器 */
            -webkit-flex-wrap:wrap;
            flex-wrap: wrap;/* 设置容器项目换行 */
            -webkit-align-content:flex-strat;
            align-content:flex-start;/* 设置伸缩行起点对齐 */
            width: 150px;/* 设置容器的宽 */
            height: 300px;/* 设置容器的高 */
            border: dodgerblue 1px solid;/* 设置容器的边框 */
        }
        .itm1{width:60px;} /* 设置子项目的宽 */
        .itm2{width:40px;}
        .itm3{width:50px;}
        .itm4{width: 20px;}
        .itm5{width:30px;}
        .itm6{width: 25px;}
        .itm1, .itm2, .itm3, .itm4, .itm5, .itm6
        {
            height: 50px; /* 设置子项目的高 */
            background-color: deepskyblue; /* 设置子项目的背景颜色 */
            margin: 10px; /* 设置子项目的外边距 */
            text-align: center; /* 设置子项目的文字水平居中 */
            line-height: 50px;
        }
    </style>
</head>

<body>
    <div class="container">
        <div class="itm1">1</div>
```

```
            <div class="itm2">2</div>
            <div class="itm3">3</div>
            <div class="itm4">4</div>
            <div class="itm5">5</div>
            <div class="itm6">6</div>
        </div>
    </body>
</html>
```

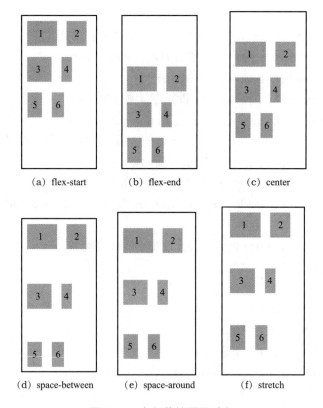

图 12-9　多行伸缩项目对齐

子任务 6　定义伸缩项目

微课

一个伸缩项目就是一个伸缩容器的子元素，伸缩容器的文本也被视为一个伸缩项目。伸缩项目中内容与普通文本流一样。例如，当一个伸缩项目被设置为浮动，用户依然可以在这个伸缩项目中放置一个浮动元素。

伸缩项目都有一个主轴长度（Main Size）和一个侧轴长度（Cross Size）。主轴长度是伸缩项目在主轴上的尺寸，侧轴长度是伸缩项目在侧轴上的尺寸。一个伸缩项目的宽度或高度取决于伸缩容器的轴，也就是它的主轴长度或侧轴长度。

以下的属性可以调整伸缩项目的行为。

1．order 属性

默认情况下，伸缩项目是按照文档流出现的先后顺序排列的。然而，order 属性可以控制伸缩项目出现的顺序，该属性适用于伸缩项目，具体的语法如下。

```
order:<integer>
```

说明：order 属性指定 flex 项目相对于同一容器内其他 flex 项目的顺序；若元素不是 flex 项，则 order 属性无效。

【例 12-7】启动 Visual Studio Code 编辑器，输入以下代码，文件名保存为 12-7.html，效果如图 12-10 所示。

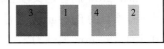

图 12-10　伸缩项目排序

```html
<!DOCTYPE html>
<html lang="en">
<head>
    <meta charset="UTF-8">
    <meta name="viewport" content="width=device-width, initial-scale=1. 0">
    <title>order 属性的使用 </title>
    <style type="text/css">
        .container{
            width:250px;
            height: 70px;
            border: blue 1px solid;
            display: flex;}
            .itm1{width: 30px; background-color: cornflowerblue;
 order: 2; margin: 10px;}
                .itm2{width: 20px; background-color:gray;
 order: 4; margin:10px;}
            .itm3{width: 50px; background-color: rgb（26， 99， 235）
; order: 1; margin:10px}
            .itm4{width: 40px; background-color: rgb（125， 125， 243
）; order: 3; margin:10px;}
    </style>
</head>
<body>
    <div class="container">
        <div class="itm1">1</div>
        <div class="itm2">2</div>
        <div class="itm3">3</div>
        <div class="itm4">4</div>
    </div>
</body>
</html>
```

说明：子项目的排序由 order 属性决定，与 HTML 中的子项目排序无关。

2．flex-grow 属性

flex-grow 可以根据需要来定义伸缩项目的扩展能力，该属性适用于伸缩项目。它接收一个不带单位的值作为一个比例，主要决定伸缩容器空间比例应扩展多少空间，具体的语法如下。

```
flex-grow: <number>
```

flex-grow 属性定义项目的放大比例，默认为 0，即如果存在剩余空间，也不放大。如果所有项目的 flex-grow 属性都为 1，那么它们将等分剩余空间（如果有的话）。如果一个项目的 flex-grow 属性为 2，其他项目都为 1，那么前者占据的剩余空间将比其他项多一倍。负值同样生效。

【例 12-8】启动 Visual Studio Code 编辑器，输入以下代码，文件名保存为 12-8.html，效果如图 12-11 所示。

图 12-11　伸缩项目的放大比例

```html
<!DOCTYPE html>
<html lang="en">
<head>
    <meta charset="UTF-8">
     <meta name="viewport" content="width=device-width, initial-scale=1. 0">
    <title> flex-grow 属性的使用 </title>
    <style type="text/css">
        .container{
            width:250px;
            height: 70px;
            border: blue 1px solid;
            display: flex;}
        .itm1{background-color:cornflowerblue;flex-grow:1;margin:10px;}
         .itm2{background-color:gray;flex-grow:2;margin:10px;}
        .itm3{background-color:rgb（26，99，235）;flex-grow:2;;margin:10px}
        .itm4{background-color:rgb（125，125，243）;flex-grow:1;;margin:10px;}
    </style>
</head>
<body>
    <div class="container">
      <div class="itm1">1</div>
      <div class="itm2">2</div>
      <div class="itm3">3</div>
      <div class="itm4">4</div>
    </div>
```

```
</body>
</html>
```

说明：itm2、itm3 设置的 flex-grow：2，而 itm1、itm2 设置的 flex-grow：1，所以前者占据的剩余空间将比后者多一倍。

3. flex-shrink 属性

flex-shrink 属性指定了 flex 元素的收缩规则。flex 元素仅在默认宽度之和大于容器的时候才会发生收缩，其收缩的大小是依据 flex-shrink 的值。

flex-shrink 属性定义了项目的缩小比例，默认为 1，即如果空间不足，该项目将缩小。其语法格式如下。

```
flex-shrink: <number>; /* default 1 */
```

如果所有项目的 flex-shrink 属性都为 1，当空间不足时，都将等比例缩小。若一个项目的 flex-shrink 属性为 0，其他项目都为 1，则空间不足时，前者不缩小。

负值对该属性无效。

【例 12-9】启动 Visual Studio Code 编辑器，输入以下代码，文件名保存为 12-9. html，效果如图 12-12 所示。

```
<!DOCTYPE html>
<html lang="en">
<head>
    <meta charset="UTF-8">
    <meta name="viewport" content="width=device-width, initial-
scale=1. 0">
    <title>flex-shrink 属性的使用 </title>
    <style>
        #content {
            display: flex;
            width: 500px;
        }

        #content div {
            flex-basis: 120px;/* 设置每个 div 盒子主轴方向的宽度 */
            border: 3px solid rgb (183, 233, 183);
        }

        .box {
            flex-shrink: 1;background-color: lightskyblue;
        }

        .box1 {
            flex-shrink: 2;  background-color: royalblue;
```

```
        }
    </style>
    </head>
    <body>

    <p>div 总宽度为 500px, flex-basic 为 120px。</p>
    <p>A, B, C 设置 flex-shrink:1。D , E 设置为 flex-shrink:2</p>
    <p>D , E 宽度与 A, B, C 不同 </p>
    <div id="content">
        <div class="box" >A</div>
        <div class="box">B</div>
        <div class="box" >C</div>
        <div class="box1">D</div>
        <div class="box1">E</div>
    </div>
    </body>
    </html>
```

div 总宽度为 500px, flex-basic 为 120px。

A, B, C 设置 flex-shrink:1。D , E 设置为 flex-shrink:2

D , E 宽度与 A, B, C 不同

| A | B | C | D | E |

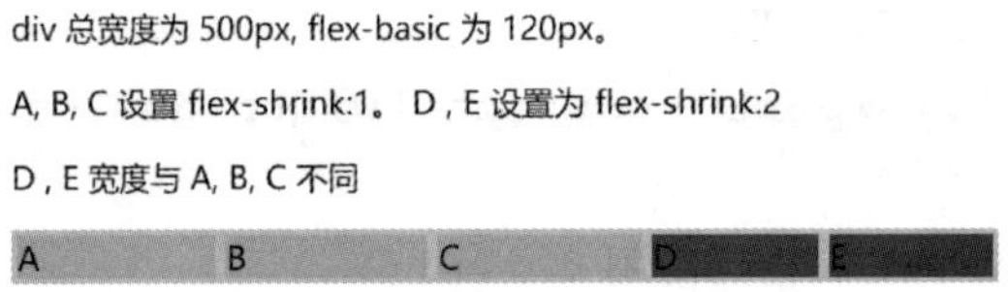

图 12-12　伸缩项目的缩小比例

说明：在例 12-9 中 flex-shrink 的默认值为 1，如果没有显式定义该属性，将会自动按照默认值 1 在所有因子相加之后计算比率来进行空间收缩。

在例 12-9 中 A、B、C 显式定义了 flex-shrink 为 1，D、E 定义了 flex-shrink 为 2，所以计算出来总共将剩余空间分成了 7 份，其中 A、B、C 占 1 份，D、E 占 2 份，即 1：1：1：2：2。

大家可以看到，父容器定义为 500 px，子项被定义为 120 px，子项相加之后即为 600 px，超出父容器 100 px。那么超出的 100 px 需要被 A、B、C、D、E 消化，通过收缩因子，所以加权综合可得 $100×1+100×1+100×1+100×2+100×2=700$（px）。

于是我们可以计算 A、B、C、D、E 将被移除的溢出量是多少？

A 被移除溢出量：$(100×1/700)×100$，即约等于 14 px。

B 被移除溢出量：$(100×1/700)×100$，即约等于 14 px。

C 被移除溢出量：$(100×1/700)×100$，即约等于 14 px。

D 被移除溢出量：$(100×2/700)×100$，即约等于 28 px。

E 被移除溢出量：$(100×2/700)×100$，即约等于 28 px。

最后 A、B、C、D、E 的实际宽度分别为：$120-14=106$（px），$120-14=106$（px），$120-14=106$（px），$120-28=92$（px），$120-28=92$（px），此外，这个宽度是包含边框的。

4. align-self 属性

align-self 属性允许单个项目有与其他项目不一样的对齐方式，可覆盖 align-items 属性，默认值为 auto，表示继承父元素的 align-items 属性，如果没有父元素，那么等同于 stretch。其语法格式如下。

```
align-self: auto | flex-start | flex-end | center |
baseline | stretch;
```

align-self 属性值与 align-items 属性值相同。

【例 12-10】启动 Visual Studio Code 编辑器，输入以下代码，文件名保存为 12-10. html，效果如图 12-13 所示。

```
<!DOCTYPE html>
<html lang="en">
<head>
    <meta charset="UTF-8">
        <meta name="viewport" content
="width=device-width, initial-scale=1.0">
    <title>align-self 对齐方式 </title>
    <style type="text/css">
        .container {
            display: -webkit-flex; /* 设置容器浏览器兼容 */
            display: flex; /* 设置容器为伸缩容器 */
            width: 150px;/* 设置容器的宽 */
            height: 220px;/* 设置容器的高 */
            border: dodgerblue 1px solid;/* 设置容器的边框 */
        }

        .itm, .itm1 {
            width: 50px; /* 设置子项目的宽 */
            height: 50px; /* 设置子项目的高 */
            background-color: deepskyblue; /* 设置子项目的背景颜色 */
            margin: 10px;   /* 设置子项目的外边距 */
            text-align: center; /* 设置子项目的文字水平居中 */
            line-height: 50px;
        }
        .itm1{align-self:flex-end;}
    </style>
</head>

<body>
    <div class="container">
```

图 12-13 单个项目的对齐

231

```
        <div class="itm">1</div>
        <div class="itm">2</div>
        <div class="itm1">3</div>


    </div>
</body>
</html>
```

说明：第 3 个子项目因为使用了 align-self: flex-end，所以该项目对齐靠近侧轴终点的边，第 1、2 个子项目没有设置其默认值为 stretch，其他属性的值读者可试一下。

子任务 7　使用媒体查询

微课

1．@media 媒体查询

@media 媒体查询选择性加载 css，意思是自动探测屏幕宽度，然后加载相应的 css 文件。可以针对不同的屏幕尺寸设置不同的样式，在重置浏览器大小的过程中，页面也会根据浏览器的宽度和高度重新渲染页面，这对调试来说是一个极大的便利。其语法格式如下。

```
@media  mediaType  and|not|only  (media feature) {
    /*css-Code;*/
}
```

2．媒体类型（mediaType）

媒体类型有很多，表 12-6 所列出的是常用的。

表 12-6　媒体查询类型

值	描述
all	用于所有设备
print	用于打印机和打印预览
screen	用于计算机屏幕、平板电脑、智能手机等（最常用）
speech	用于屏幕阅读器等发声设备

3．媒体功能（media feature）

媒体功能也有很多，表 12-7 所列出的是常用的。

表 12-7　媒体查询功能

值	描述
max-width	定义输出设备中的页面最大可见区域宽度
min-width	定义输出设备中的页面最小可见区域宽度

4．设置 Meta 标签

在使用 @media 的时候需要先设置下面这段代码，来兼容移动设备的展示效果。

```
    <meta name="viewport" content="width=device-width, initial-
scale=1.0, user-scalabel=no">
```

其中几个参数的含义如下。

width = device-width：宽度等于当前设备的宽度。

initial-scale：初始的缩放比例（默认设置为 1.0，即代表不缩放）。

user-scalabel：用户是否可以手动缩放（默认设置为 no，因为我们不希望用户放大缩小页面）。

5. 设置 IE 渲染方式默认为最高（可选）

现在很多用户的 IE 浏览器都升级到 IE9 以上了，所以这个时候就有很多问题产生，例如现在是 IE9 浏览器，但是浏览器的文档模式却是 IE8。为了防止这种情况，需要用下面这段代码来让 IE 的文档渲染模式永远都是最新的版本。

```
<meta http-equiv="X-UA-Compatible" content="IE=Edge, chrome=1">
```

这段代码后面加了一个 chrome=1，如果用户的计算机里安装了 Chrome，就可以让计算机里的 IE 不管是哪个版本的都可以使用 Webkit 引擎及 V8 引擎进行排版及运算，如果没有安装，就显示 IE 最新的渲染模式。

6. 代码实例

（1）若文档宽度小于等于 300px 则应用花括号内的样式——修改 body 的背景颜色（background-color）：

```
@media screen and (max-width: 300px) {
    body {
        background-color:lightblue;
    }
}
```

从上面的代码可以看出，媒体类型是屏幕（screen），使用一个 and 连接后面的媒体功能，这里写的是 max-width：300px，也就是说，当屏幕的最大宽度小于等于 300px 的时候，就应用花括号里面的样式。

（2）当文档宽度大于等于 300px 的时候显示的样式：

```
@media screen and (min-width: 300px){
    body {
        background-color:lightblue;
    }
}
```

注意，这里的媒体功能使用的是 min-width，而不是 max-width。

（3）当文档宽度大于等于 300px 并且小于等于 500px（width>=300&&width<=500）的时候显示的样式：

```
@media screen and (min-width:300px) and (max-width:500px) {
    /* css代码 */
}
```

注意，这里使用了两个 and，用来连接两个媒体功能，一个用于限制最小，一个用于限制最大。

说明：不要被 min-width 和 max-width 所迷惑，初学者很容易误以为 min-width

的意思是小于xxx 的时候才应用，然而这就陷入误区了，其实它的意思是：当设置了 min-width 的时候，文档的宽度如果小于设置的值，就不会应用这个区块里的 CSS 样式，所以 min-width 才能实现大于等于设置的值的时候，会应用区块里的CSS 样式，max-width 也是如此。

（4）先看代码，这句代码的意思是宽度大于等于 300px、小于等于 500px（width>=300 &&width<=500）的时候应用的样式。

```
@media screen and （min-width:300px） and （max-width:500px） {
    /* css 代码 */
}
```

min-width：300px 的作用是当文档宽度不小于 300px 的时候就应用 { } 里的 CSS 代码块，即大于等于 300px，max-width：500px 的作用是当文档宽度不大于 500px 的时候就应用 { } 里的 CSS 代码块，即小于等于 500px。

【例 12-11】启动 Visual Studio Code 编辑器，输入以下代码，文件名保存为 12-11. html，效果如图 12-14 所示。

```
<!DOCTYPE html>
<html lang="en">
<head>
    <meta charset="UTF-8">
    <meta name="viewport" content="width=device-width, initial-scale=1. 0">
        <title> 变色的页面 </title>
<style>
body {
    background-color:lightgreen;
}

@media only screen and （max-width: 800px） {
    body {
        background-color:lightblue;
    }
}
</style>
</head>
<body>
    <p> 重置浏览器大小，当文档的宽度小于 800 像素，背景会变为浅蓝色，否则为浅绿色。</p>
</body>
</html>
```

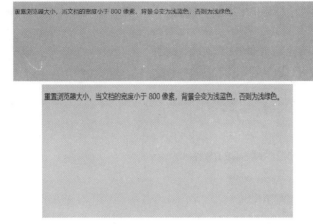

图 12-14 文档不同宽度显示不同颜色

项目实施

1. 搭建页面整体框架

（1）整体布局分析。本项目的框架如图 12-15 所示。

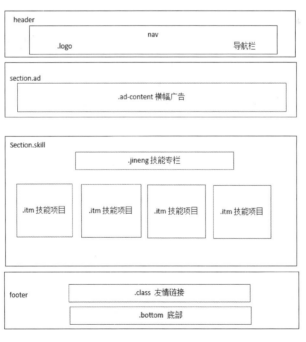

图 12-15 页面整体框架

（2）新建 html 文件，主页的文件名为 index.html，编写 HTML 代码。

```
<!DOCTYPE html>
<html lang="en">
<head>
    <meta charset="UTF-8">
```

```
        <meta name="viewport" content="width=device-width, initial-
scale=1. 0">
    <title>制作响应式页面</title>
</head>

<body>
    <header>
        <nav>此处放置导航条的内容</nav>
    </header>
    <section class="ad">
        <div class="ad-content">
            此处放置横幅广告的内容
        </div>
    </section>
    <section class="skill">
        <div class="jineng">
技能专栏
</div>
        <div class="container">
            <div class="itm">此处放在置技能项目内容</div>
<div class="itm">此处放在置技能项目内容</div>
<div class="itm">此处放在置技能项目内容</div>
<div class="itm">此处放在置技能项目内容</div>
        </div>
    </section>
    <footer>
        <div class="class">友情链接</div>
<div class="bottom">底部信息</div>
    </footer>
</body>
</html>
```

（3）编写 CSS 代码。

步骤 1：本项目我们使用外部样式表来控制网页。首先新建一个名为 css.css 的样式文件，以下所有的样式都写在该文件中。

步骤 2：为了能够让外部样式表控制网页，在网页的 <head></head> 标签对之间输入如下代码。

```
<link rel="stylesheet" href="css.css" type="text/css">
```

步骤 3：将页面元素中的外边距、内边距和边框默认值都设为 0。

```
 * { margin: 0; padding: 0; border:0;}
```

步骤 4：设置网页的字体大小。

```
body{font-size:62. 5%;/*font-size 1em=10px*/}
```

步骤 5：将无序列表前的项目符号取消。

```
ul { list-style: none;}
```

步骤 6：取消链接的下划线，将链接的颜色设置为白色。

```
a {text-decoration: none; color: white;}
```

2. 制作网页的头部

该网页头部由两大部分组成：一部分是顶部的 LOGO，另一部分是站点的主导航栏，效果如图 12-16 所示。

图 12-16 网页的头部

（1）编写 HTML 代码。

```
<header>
  <nav>
    <a href="#" class="logo"><img src="img/logo.png" alt=""></a>
        <ul>
            <li> <a href="#">关于 46 届 WSC</a></li>
            <li> <a href="#">技能专栏 </a></li>
            <li> <a href="#">图片长廊 </a></li>
            <li> <a href="#">主办城市介绍 </a></li>
            <li> <a href="#">东道主国家 </a></li>
            <li> <a href="#">合作伙伴 </a></li>
        </ul>
    </nav>
</header>
```

（2）编写 CSS 代码。

步骤 1：将头部区域宽 100% 显示，设置其背景颜色、字体颜色、字体样式、内间距。

```
/* header 头部区域 */
    header {width: 100%;
        background-color: cornflowerblue;
        color:white;
        font-family: 黑体 ;
        padding: 20px;
    }
```

步骤 2：将 LOGO 图片块级显示，设置其高度、底部边距。

```
header nav .logo {
    display: block;
```

```
            height: 85px;
            width:100px;
            margin-bottom: 4px;
            float:left;
        }
```

步骤 3：将导航条右对齐。

```
        header nav ul {text-align: right;}
```

步骤 4：将导航条水平对齐、居中对齐，设置每个菜单的宽度，设置字体大小。

```
header nav ul li {
            display: inline-block;
            line-height: 85px;
            width: 120px;
            font-size: 1. 4em;
        }
```

步骤 5：除第一个菜单外，其余的菜单左边距为 40px。

```
        header nav ul li+li {
            margin-left: 40px;
        }
```

步骤 6：最后一个菜单的右边距设置为 40px。

```
        header nav ul li:last-child {
            margin-right: 40px;
        }
```

3．制作广告横幅部分

广告横幅效果如图 12-17 所示。

图 12-17　广告横幅效果

（1）编写 HTML 代码。

```
<section class="ad">
        <div class="ad-content">
            <h1>46th WSC In 2022</h1>
            <p>2022 年第 46 届世界技能大赛将在上海举办，本次比赛将有 50 多个
```

项目，预计超过 26 个国家参加。</p>

                `<a href="#"><button> 更多消息 >></button></a>`

      `</div>`

   `</section>`

（2）编写 CSS 代码。

步骤 1：将广告横幅区添加背景，设置背景不重复及背景的填充方式。

```
/*ad 广告横幅区 */
.ad{background-image:url（img/banner.png）;
    background-repeat: no-repeat;
    background-size:cover;}
```

步骤 2：设置广告横幅内容区的对齐方式，上、下内边距。

```
.ad-content{text-align: center;padding-
top: 300px; padding-bottom: 100px;}
```

步骤 3：设置广告横幅标题的字体大小、颜色、字体、字间距、底部内间距及相对位置。

```
.ad-content h1{font-size: 28px;
 font-family: 黑体 ;
 color:white;
 letter-spacing:2px;
position:relative;
left:-25%;
padding-bottom: 30px;
}
```

步骤 4：设置广告横幅内容的字体大小、颜色、字体、底部内间距及最大宽度。

```
.ad-content p{font-size: 16px;
    font-family: 黑体 ;
    color:white;
  max-width: 50%;
padding-bottom: 20px;}
```

步骤 5：设置按钮的字体大小、颜色、加粗、内间距、相对位置、背景颜色，取消边框及设置鼠标指针移过去的样式。

```
.ad-content button{
    border:none;font-size: 12px;
    background-color: #fff;
    cursor: pointer;
    border-radius: 4px;
    padding: 5px 10px;
    position:relative;
    left: -25%;
```

```
        color:cornflowerblue;
        font-weight: bold;
        letter-spacing: 2px;
    }
```

4. 制作技能专栏部分

技能专栏部分包含标题及四项技能的信息、图片，效果如图 12-18 所示。

技能专栏

图 12-18 技能专栏效果

（1）编写 HTML 代码。

```
<section class="skill">
        <div class="jineng">
            <h2>技能专栏</h2>
        </div>
        <div class="container">
        <div class="itm">
            <img src="img/skills-1. png" alt="">
            <h1>混凝土建筑项目</h1>
             <p>混凝土建筑项目是第 43 届世界技能大赛增加的演示项目。这个
项目（职业）的技术人员主要进行商业和住宅建设，可在室内外进行工作。</p>
        </div>
        <div class="itm">
            <img src="img/skills-2. png" alt="">
            <h1>网站设计与开发项目</h1>
            <p>网站设计是一门较新的行业，包含站点的建设和维护。网站设计
者使用计算机程序生成网页，包括同其他页面的链接、图形元素、文字和图片。</p>
        </div>
        <div class="itm">
            <img src="img/skills-3. png" alt="">
            <h1>工业机械装调项目</h1>
                <p>世界技能大赛工业机械装调项目比赛共设置机械加工、焊接加
工、齿轮箱（泵）检测与维护、机械装配与调试、电气检测 5 个模块，赛程为 4 天，累计
比赛时间为 20 小时。</p>
            </div>
```

```
            <div class="itm">
                <img src="img/skills-4. png" alt="">
                <h1> 机电一体化项目 </h1>
                <p> 机电一体化项目，根据比赛任务提供的器材和工艺流程要求，完
成自动化生产线的设计、组装、编程、调试、维护及优化的竞赛项目。</p>
            </div>
        </div>
</section>
```

（2）编写 CSS 代码。

步骤 1：将该区域的上下内边距设置为 50px。

```
/* 技能专栏区域 */
.skill{padding:50px 0;}
```

步骤 2：设置"技能专栏"的对齐方式、字体颜色、字间距、字体大小、字体。

```
.jineng {text-align: center; color: cornflowerblue; margin:0 auto; letter-
spacing: 3px;font-size:16px;font-family: 黑体;}
```

步骤 3：将技能专栏的容器设置为弹性布局，容器项目居中对齐，窗口宽度为 80%，
容器居中对齐。

```
.container{display: flex; justify-content: center;width: 80%;margin:0 auto;}
```

步骤 4：设置技能专栏的项目，边框、固定宽、高、外边距、圆角、内边距、字体颜
色、字体大小。

```
.itm{ border:1px solid lightgray; width: 300px; height:320px;margin:10px;
border-radius: 10px;padding:10px; color: lightslategray; font-size:
1.2em;}
```

步骤 5：将图片块级显示，设置其最大宽度为 100%，设置边框及圆角效果。

```
.itm img{max-width: 100%; display: block; border-radius: 10px;
border:4px solid  white; }
```

步骤 6：设置每个栏目标题的颜色、居中对齐、上下边距、字体大小。

```
.itm h1{color: cornflowerblue; text-align: center; margin:
10px 0px; font-size:18px;}
```

步骤 7：设置每个栏目内容缩进、行高、字体、字体大小。

```
.itm  p{ text-indent: 2em;line-height: 2em; font-size:14px; font-family:
宋体 ;}
```

5. 制作页脚部分

页脚部分包含友情链接及版权信息，效果如图 12-19 所示。

图 12-19　页脚效果

（1）编写 HTML 代码。

```
<footer>
```

```
<div class="center">
    <ul>
        <li><img src="img/p1. png" alt=""></li>
        <li><img src="img/p2. png" alt=""></li>
        <li><img src="img/p3. png" alt=""></li>
        <li><img src="img/p4. png" alt=""></li>
    </ul>
</div>
    <div  class="bottom">Links  to  worldskillschina.
cn worldskills.org© 2018 WorldSkillsChina .All Rights Reserved
    </div>
</footer>
```

（2）编写 CSS 代码。

步骤 1：设置底部区域的上下内边距为 20px，并设置其背景颜色、宽度。

```
/*footer 区域 */
 footer{padding:20px  0;background-color:cornflowerblue;
width:100%;font-size:10px;}
```

步骤 2：设置无序列表为弹性布局，居中对齐，宽度为 80%。

```
 footer ul{display:flex;margin:0 auto;width: 80%; }
```

步骤 3：将列表项的宽度设置为 25%。

```
footer ul li{width:25%;}
```

步骤 4：将图片设置为块级。

```
footer ul li img{display: block; margin:0 auto;}
```

步骤 5：设置底部文字的对齐方式、字体颜色、字体大小、顶部外边距。

```
.bottom{ text-align:center;color:white; font-size:1. 2em; margin-
top:10px;}
```

6. 设置媒体查询

当屏幕宽度小于 768px 时的样式效果如图 12-20 所示。

步骤 1：输入媒体查询的条件。

```
@media only screen and  (max-width: 768px){
        }
```

步骤 2：当屏幕宽度小于 768px 时，头部菜单的倒数 1、2、3 项目隐藏，倒数第 4 个项目右边距为 150px。除第一个项目外，其余项目的左边距为 20px。

```
@media only screen and  (max-width: 768px){/* 头部区域 */
   header nav ul li:nth-last-child (1)  ,
   header nav ul li:nth-last-child (2) ,
    header nav ul li:nth-last-child (3)  {display: none; }
    header nav ul li:nth-last-child (4){margin-right:150px;}
    header nav ul li+li {margin-left: 20px;} }
```

图 12-20　屏幕宽度小于 768px 效果

步骤 3：当屏幕宽度小于 768px 时，ad 广告横幅区的 <p> 标签下的段落文字隐藏。

```
@media only screen and (max-width: 768px){
/*ad广告横幅区 */ .ad-content p{display: none;}}
```

步骤 4：当屏幕宽度小于 768px 时，技能专栏容器宽为 100%，弹性布局换行，修改项目的内边距及外边距，修改图片的边框粗细。

```
@media only screen and (max-width: 768px){
/* 技能专栏区域 */  .container{width: 100%;flex-wrap: wrap;}
        .itm{margin:5px; border-radius:5px;padding:7px;}
        .itm img{border:1px solid  white; }
}
```

步骤 5：当屏幕宽度小于 768px 时，弹性布局换行，每个无序列表项目的宽度变为 45%，修改内边距。

```
@media only screen and （max-width: 768px）{
/*footer* 区域 */footer ul{flex-wrap:wrap;}
 footer ul li{width:45%;padding:10px;}
    }
```

7．设置媒体查询

当屏幕宽度小于 480px 时的样式效果如图 12-21 所示。

步骤 1：输入媒体查询的条件。

```
@media only screen and （max-width: 480px）{
             }
```

步骤 2：当屏幕宽度小于 480px 时，将 LOGO 的位置左移、上移，调整高度。导航条设置为隐藏。

```
@media only screen and （max-width: 480px）{
/* header 头部区域 */
 header nav .logo img{display: block;height:50p
x;width:50px;
position: relative;left:20px;top:-30px;}
header nav ul li{display: none;}}
```

步骤 3：当屏幕宽度小于 480px 时，调整标题的字体大小、字间距、底部的内边距。内容设置为隐藏。

```
@media only screen and （max-width: 480px）{
 /*ad 广告横幅区 */
.ad-content h1{font-size: 20px;letter-
spacing:1px;padding-bottom: 10px;}
}
```

步骤 4：当屏幕宽度小于 480px 时，将弹性盒子的伸缩方向定为纵向排列、水平对齐，版权信息的部分文字隐藏。

```
@media only screen and （max-width: 480px）
{/*footer* 区域 */
footer ul{flex-direction: column; justify-
content: center; align-items: center;}

 .links{display: none;}
}
```

图 12-21　屏幕宽度小于 480px 效果

项 目 总 结

本项目主要学习了 CSS3 弹性布局的容器属性及项目属性、媒体查询的相关知识，并完成了一张关于上海举办第 46 届世界技能大赛网页的制作，该网页能在 3 种分辨率下正确实现（1920px、 768px、 480px 宽度）。希望读者能理解相关代码的用法，能举一反三。

本项目的主要知识点如下。

（1）容器属性如图 12-22 所示。

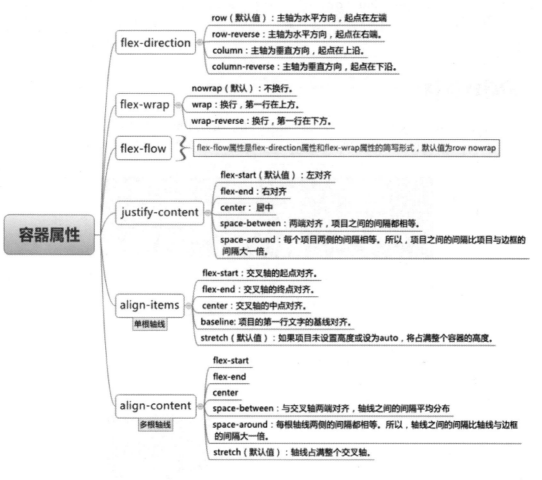

图 12-22　容器属性

（2）项目属性如图 12-23 所示。

图 12-23　项目属性

（3）@media 媒体查询。

```
@media  mediaType  and|not|only （media feature） {
    /*css-Code;*/
}
```

项 目 拓 展

使用 HTML5 和 CSS3 来完成响应式页面，用户能通过 html 文件浏览网页，该网页能在 3 种分辨率下正确实现（1920px、996px、768px）3 种效果，如图 12-24 所示。

(a)

(b)

(c)

图 12-24　项目拓展效果